U0311340

农作物面积遥感监测原理与实践

刘　佳　王利民　杨玲波　杨福刚　滕　飞　编著

科学出版社

北京

内 容 简 介

本书共 10 章，主要介绍了农作物面积遥感监测技术方法，简要介绍了农作物面积遥感监测的研究背景及数据源情况，详细描述了基于高分数据的农作物面积遥感监测总体技术路线，并从数据的预处理技术、地面样方获取技术、农作物遥感监测分类技术方法及区域农作物面积识别和提取等方面进行了系统性研究，对各类方法进行了实践检验，同时面向海量遥感数据处理，搭建农作物面积遥感监测硬件平台和软件环境，从而对当前农作物面积遥感监测提取的完整业务化流程进行描述。

本书可为农业统计及决策部门、相关研究机构的农业遥感监测研究人员、高等院校农业遥感相关专业师生等开展农业遥感农作物面积监测业务工作及相关研究提供参考。

图书在版编目（CIP）数据

农作物面积遥感监测原理与实践/刘佳等编著. —北京：科学出版社，2017.6

　ISBN 978-7-03-051062-4

　Ⅰ. ①农⋯　Ⅱ. ①刘⋯　Ⅲ. ①遥感技术–应用–作物–种植面积–作物监测　Ⅳ.①S127-39 ②S5-39

中国版本图书馆 CIP 数据核字(2016)第 309582 号

责任编辑：李秀伟 / 责任校对：王晓茜
责任印制：肖　兴 / 封面设计：北京图阅盛世文化传媒有限公司

科 学 出 版 社 出版

北京东黄城根北街 16 号
邮政编码：100717
http://www.sciencep.com

中国科学院印刷厂 印刷

科学出版社发行　各地新华书店经销

*

2017 年 6 月第 一 版　开本：720×1000 1/16
2017 年 6 月第一次印刷　印张：13 1/4
字数：267 000
定价：120.00 元

（如有印装质量问题，我社负责调换）

前　言

"民以食为天"，粮食问题直接关系到国计民生，丰衣足食是老百姓幸福生活的基础。在现代社会中，粮食安全成为广泛关注的一个话题，中共中央2004～2016年连续发布以"三农"（农业、农村、农民）为主题的中央一号文件，强调了"三农"问题是中国社会主义现代化时期的"重中之重"。农作物的种植面积、长势情况、灾害监测、产量评估等是政府部门制定粮食政策的重要依据，准确的农作物种植面积及产量统计具有非常重要的意义。近年来，随着中国改革开放的不断深入，社会经济的方方面面发生了巨大的改变，尤其是农业领域，农作物的种植结构、不同农作物的种植面积和产量水平等变化日益频繁。这就在客观上要求政府及时掌握中国耕地和粮食播种信息，使中国国民经济宏观决策具有科学依据。

长期以来，农作物种植面积信息获取的主要方式是村级起报、逐级上报汇总，耗时耗力，且易受到行政手段的影响，精确性较难保证。同时，该方法无法获取农作物的具体空间分布及种植结构情况，信息组成单一，已经难以满足当前市场经济条件下农业、农村、农民发展的需求。

随着"3S"（GIS，地理信息技术；RS，遥感技术；GPS，全球定位技术）技术的发展，利用"3S"技术进行农作物种植面积的监测已逐渐成为农情监测的重要手段之一。在"十二五"国家科技重大专项"高分辨率对地观测系统专项"的支持下，我国已逐步发射了多颗高性能遥感卫星，为农作物种植面积遥感监测提供了充足且高质量的遥感监测数据源。同时，基于国产遥感卫星影像的农作物种植面积监测技术也已取得一定的进展，并形成了常态化的农作物面积遥感监测技术体系，中国农业科学院农业资源与农业区划研究所（农业部遥感应用中心）按月向农业部提交农业遥感速报，包括全国主要农作物种植面积及长势、灾情等农业遥感监测信息。

农作物面积遥感监测的主要原理是基于遥感影像数据，利用农作物在遥感影像上呈现的独特特性，对农作物种植区域及不同的农作物进行分类识别，最终获取大尺度范围下的农作物空间分布及种植面积信息。利用遥感技术进行农作物面积提取具有实时性、客观性、准确性的优势，监测范围广、精度高、成本低。农作物面积遥感监测技术在实际应用发展的过程中已逐渐成熟，形成了多种农作物面积监测技术流程方法。

在以往的农作物种植面积业务化监测过程中，主要存在三个方面的问题：数据源问题、农作物面积分类提取技术问题、业务化流程化应用。

农作物面积提取及农业遥感监测可利用数据源的问题，主要是以往遥感监测中国产数据源较少的问题及影像空间分辨率、时间分辨率、光谱分辨率等的限制问题。

高质量的卫星遥感影像数据是进行农业遥感监测及农作物面积遥感提取的基础，以往在农业遥感监测工作中进行业务化运行的常用卫星影像依然主要是国外的 MODIS 影像、Landsat 影像、WorldView 影像、SPOT 影像等，95%的数据依赖国外卫星，数据费用支出占总额的比例很大，这就导致我国遥感领域的基础数据源长期受制于人。

另外，目前常用的遥感影像在空间分辨率、时间分辨率、光谱分辨率方面存在着一系列的矛盾和不足，导致业务化运行产生一系列的困难。例如，MODIS 影像具有幅宽大、重访周期短等优势，扫描宽度可达 2300km，一天之内可过境 4 次，且具有较多的波段设置，是以往农业遥感监测最常用到的卫星。然而，该卫星的空间分辨率较低，最高仅能达到 250m，这就导致混合像元、小宗农作物监测、空间破碎度较高地块监测的一系列局限性，进而导致精度的降低；Landsat 影像也是常用的农业遥感监测数据源，该卫星具有几何精度高、成像质量高、分辨率高的优点，其空间分辨率可达到 30m，波段设置也较多，应用领域较为宽广，然而该卫星的幅宽较小，只有 100 多千米，且重访周期长达 16d，在一些多云雾地区，往往无法满足农作物监测每月至少一景有效数据的要求，进而无法应用于全国尺度的农作物面积遥感监测。

以 2010 年度全国冬小麦主产区冬小麦种植面积本底调查为例，计算遥感数据的获取率。适合冬小麦种植面积遥感监测的数据时相在华北平原为 12 月中旬至翌年 1 月下旬、3 月中旬至 4 月下旬，华东和华中地区为 3 月上旬至 4 月下旬。一般以 10m 多光谱 ALOS 和 SPOT5 为主要数据源，当无法获取有效时序时依次以 SPOT4 和 TM 数据代替。假设全部采用 Landsat 影像，则全国主要监测区域最少需要 121 景，但检索到的适宜影像只有 72 景，有效率为 59.5%。全部采用 SPOT5 数据的话，检索到的适宜影像覆盖面积只占监测区的 20.1%，远远不能满足冬小麦种植面积本底调查对遥感数据的需求。

传统遥感分类方法在农作物面积提取及农业遥感监测体系业务化运行过程中存在可靠性、精确性、适用性、稳定性、时效性等方面的局限性。目前，农业遥感监测及农作物面积业务化提取中常用的方法包括目视解译法、监督分类法、决策树分类法、多时相法、分层抽样法等。目视解译法精度最高，然而其所费人力、物力巨大，只适合小范围农作物面积提取及样方验证等工作；监督分类法需要地面样方支撑，由于区域差异、生长状况差异、品种差异等，容易产生"同物异谱"、

"异物同谱"现象，若样方代表性不足，将造成分类精度降低。决策树分类法、多时相法往往互相结合，精度较高，适用性较强，但是过于依赖专家知识，对作业员的要求较高，如果经验不足，往往无法获取高精度的结果；分层抽样法则具有较高的面积统计精度，工作量适中，但是利用该方法无法获取准确的农作物空间分布位置信息。

当前农作物面积提取业务化运行过程中存在系统性、流程性不够的问题，研究与应用脱钩的现象较多，以往研究的各项关键技术过于分散，未能组织成一个较为完整的工作流，以便在农业遥感监测体系中明确位置，达到研究为应用服务的目的。

本书针对以上几个问题，基于农业遥感监测实际应用过程中形成的技术积累，对农业遥感监测中涉及的遥感影像数据源、数据预处理技术、农作物面积分类识别技术、业务化运行技术等方面进行了探讨和叙述。

本书的第 1 章主要介绍了农业遥感监测的背景及国内外研究现状，并对农业遥感监测的主要技术进行了简单的介绍。第 2 章介绍了农业遥感监测过程中常用的国内外遥感影像数据源及其特性。第 3 章至第 8 章分别介绍了高分卫星影像数据的预处理技术、农作物地面样方获取技术、农作物面积遥感分类技术方法、区域农作物面积的识别和提取，同时对尺度效应对农作物面积分类识别精度的影响进行了分析。第 9 章简单介绍了农作物遥感监测硬件平台及软件环境。第 10 章对整体研究进行了总结及展望。

本书是作者在近年来业务化开展农作物面积遥感监测实践的基础上对相关研究的总结，并经过了实际业务流程的检验，既包含常用遥感监测技术方法在农业遥感监测领域的实际应用，又有在业务开展过程中提出的新的大尺度范围下大宗农作物面积监测业务化提取技术方法。本书阐述的主要内容是"十二五"国家科技重大专项"高分辨率对地观测系统专项"应用系统项目"高分农业遥感监测与评估示范系统（一期）"中的部分关键研究内容。

农作物面积遥感监测是一项复杂的科学研究，涉及遥感技术的方方面面，本书主要从实际工作的角度对已有工作进行总结性叙述。由于作者水平有限，难免挂一漏万，书中不足之处在所难免，希望各位读者予以批评指正。

作　者

2016 年 12 月 16 日

目　　录

第 1 章　农作物面积遥感研究背景

1.1　引　　言

　　我国是农业大国，粮食生产是关系社会稳定和人民生活的重大问题。因此，农业生产情况一直受到国家、各级政府管理部门的高度重视。农业生产中，耕地面积、农作物播种面积、农作物长势情况等信息是国家每年制定生产管理措施及经济计划的重要依据。因此，通过农业统计调查，及时准确获取农作物的种植情况（面积、产量），准确估计农作物种植面积和农作物产量，对国家掌握农业粮食生产状况，制定合理、有效的农村政策措施，确保国家粮食安全具有十分重要的意义。

　　遥感作为采集地球表面地理目标信息的有效技术手段，以其对地表信息获取的覆盖面广、信息量大、周期短、受地面条件限制少、调查成本相对较低等优点，在农情监测方面具有明显的技术优势，是精确农情信息获取的关键技术。近年来，随着经济的快速发展，耕地面积逐年减少，区域内粮食种植面积和产量年际与季节波动幅度大，如何利用遥感技术监测主要粮食作物的种植面积和单产，及时准确地为政府决策部门提供粮食生产状况，对于粮食宏观调控和贸易，无疑具有非常重要的意义。在农作物遥感估产中，农作物种植面积的遥感估算是农作物产量预测的基础和主要内容；精确而及时的农作物种植面积更新信息对于农业管理十分必要。到目前为止，诸多关于农作物种植面积提取的遥感方法与模型已经提出并得到广泛应用。从最初的遥感图像人工目视解译法到各种基于统计学原理的传统计算机自动分类方法及其他计算机辅助的遥感分类法，农作物遥感信息提取在方法的准确性与时效性上发生了质的飞跃，计算机遥感图像分类技术以其可重复性、准确性、时效性等特点，成为了现代农作物种植面积遥感测量的关键技术之一。利用遥感技术进行粮食作物种植面积调查最直接的方法是以遥感数据作为主要数据源，进行分类识别，对分类结果直接进行统计得到作物面积。根据不同传感器及遥感数据的空间分辨率、时间分辨率和光谱分辨率的不同，发展出许多分类识别的方法。

　　农业遥感监测是以遥感技术为主的空间信息技术对农业生产过程进行的动态监测。农业遥感监测的内容是对主要粮经作物的种植面积、作物布局、作物长势、农业灾害发生与发展、作物产量等生长过程进行系统监测。其范围大、时效高和客观准确的优势是常规监测手段无法企及的。民以食为天，粮食安全问题在过去、现在及未来都是国家生存与发展的重大问题，如何为我国粮食安全和农产品贸易提供及时准确的农作物长势、面积、灾情定量和动态信息，已经使农业遥感成为决策信息不可替代的重要来源，并和常规统计调查手段相结合，共同构成现代立体型农业信息采集处理分析系统。随着遥感等空间技术的发展，农业遥感监测在技术发展和应用深度均进入了一个全新时期，同时，也成为信息农业、精准农业和数字农业的一个重要组成部分。我国农业遥感监测已有30余年的研究历史，从"六五"计划开始至现在，经历了技术研究到示范应用这个过程，目前，能在一定程度上满足国家粮食安全和农业结构调整的信息需求。但由于我国国土辽阔、地形复杂、农作物种植结构多样、农户规模小，以及遥感技术发展的局限性，农业遥感在某些关键技术和应用运行方面仍然需要加强研究。通过研究和技术改进，使遥感技术在农业领域发挥更重要的作用。

近年来，随着我国国产遥感卫星不断发射，国产高分卫星农业技术研究与应用体系日趋成熟，尤其是HJ（环境）系列卫星、ZY（资源）系列卫星、GF（高分）系列卫星的发射，研究运用遥感技术进行农业遥感监测及农作物面积遥感提取技术方法的迫切性不断提高。本书将以国产GF-1影像为主要数据源，结合其他数据（无人机航拍、Google Earth影像、HJ影像等），系统研究全国主要农作物面积业务化提取技术的完整流程，包括数据获取及预处理技术、农作物识别及面积提取技术、全国尺度农作物面积业务化提取技术等，为实现基于国产高分卫星数据的全国农业遥感监测及主要农作物面积提取提供了可行的技术路线。

本章将从农业遥感监测的理论基础、农作物面积遥感监测国内外研究现状及农作物面积遥感监测主要技术方法三个方面进行叙述，讲解农作物面积遥感监测的发展、现状及主要技术方法，使读者对当前形势下的农业遥感监测有更直观的了解。

1.2 农业遥感监测的理论基础

遥感技术是从人造卫星、飞机或其他飞行器上收集地物目标的电磁辐射信息，并以此对地面环境或目标进行识别判断的技术。任何物体都有不同的电磁波反射特征或辐射特征，这些反射特征或辐射特征又可以反映出不同地物的不同物质成分和结构信息。地球上各类型的地物，如植被、水体、土壤、岩石等，具有不同的光谱特征，其特征的差异是进行地物分类识别的基础。农业遥感的主要研究对象是植被中的农作物，农作物植被独特的反射光谱特征、周期性的生长特性及其他特性是农业遥感进行作物反演识别的基础。

典型植被反射光谱特征如图1-1所示，地面植被的光谱响应特征明显区别于其他地物，其光谱特征既与其内在的特性有关，又与植被生长的环境、植被发育情况和健康状况等密切相关。在可见光（0.38～0.78μm）范围内，植被的色素（主要是叶绿素）是形成植被独特光谱特征的关键因素，在 0.45μm 的蓝光波段及 0.65μm 的红光波段内，叶绿素能吸收掉大部分的入射太阳光，用于光合作用，同时在两个吸收带之间的绿色波段（0.54μm）范围内，由于吸收相对较弱，形成一个小的反射峰，因此大部分的植被呈现绿色。而在近红外波段，植被的光谱特征主要受到植被叶细胞构造的影响，在该波段形成一个非常强烈的反射峰，因此常常使用植被在近红外波段的高反射率和可见光波段的低反射率的特性进行植被的识别。而在可见光波段与近红外波段之间（0.67～0.76μm），植被反射率从低到高迅速攀升，红边波段与植被的各项生理参数密切相关，是描述植物色素状态和健康状态的重要指示波段，是进行遥感植被调查的理想波段。在中红外波段范围内，植被的光谱特征主要受植被中含水量的影响，在 1.4μm、1.9μm 和 2.7μm 波段范围内，形成水分的强烈吸收带，其中，2.7μm 是水分的主要吸收波段位置。一般情况下，随着植被叶片水分含量的减少，植被中红外波段的反射率将明显增大。

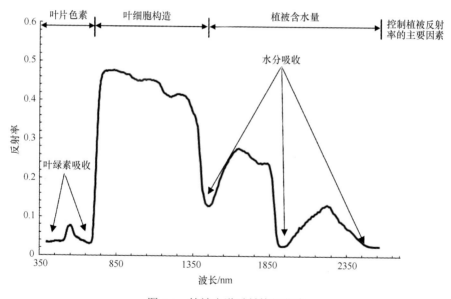

图 1-1　植被光谱反射特征曲线

　　农作物区别于其他地类的另一大特性是其周期性生长的特性，即农作物的物候期，所谓"春种秋收"、"春华秋实"即描述植被这种周期性的生长特点。依据农作物物候期的规律，使用不同时相的遥感影像，可以有效区分植被与非植被、不同种类的植被。使用归一化植被指数（normalized difference vegetation index，NDVI）时序曲线可以标记农作物的物候期，以冬小麦为例，图 1-2 为 2013～2014 年度华北地区典型冬小麦的物候曲线，横轴为时间、纵轴为归一化植被指数。冬小麦发育时期一般可以分为播种期、出苗期、分蘖期、越冬期、返青期、拔节期、抽穗期、乳熟期和成熟期9个时期，由图1-2可以看出，冬小麦一般在10月初播种，此时NDVI较小；经过出苗期到分蘖期后，冬小麦不断生长，NDVI逐渐提高；12月中下旬开始进入越冬期后，冬小麦NDVI逐渐降低；至翌年3月开始返青，4月进入生长旺期，冬小麦NDVI达到最高点；经过抽穗期、乳熟期至成熟期后，NDVI逐渐减小，至6月中下旬收割完毕。可见冬小麦整个生长季近8个月，其生长状态可以从NDVI时序曲线清晰地反映出来，利用这种独特的周期性生长特性，结合多时相遥感影像，可以很好地区分单景影像上难以区分的地物类别。

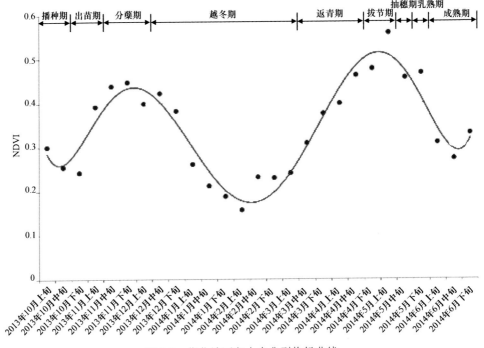

图1-2 华北地区冬小麦典型物候曲线

除了作物的光谱特征及物候特性外，作物还具有区别于其他地物的典型特性。例如，作物生长的耕地一般为平地，因此坡度较小，可以结合耕地资料或数字高程模型（DEM）资料进行辅助解译；作物的纹理一般较为细致，有规则分割的田埂；水稻等喜水作物附近有灌溉沟渠等。综合这些作物相关特性，进行作物面积遥感识别监测，可以有效提高作物分类提取的精度。图1-3为GF-2全色与多光谱融合影像，由图1-3可以看出，在高分辨率尺度下，城镇地区纹理粗糙、林地纹理稍显细密、冬小麦地块则纹理紧致。

GF-2 卫星影像(波段组合: 4/3/2)

图 1-3　GF-2 卫星影像典型地物纹理

1.3　农作物面积遥感监测国内外研究现状

农作物种植面积是农作物估产的基本要素,其空间分布图在环境、经济和政治方面,特别是农业政策方面,具有非常重要的作用(Vaudour et al.,2015;Thenkabail,2010)。我国是世界农业大国,农作物面积和产量的丰歉历来受到我国和世界各级政府部门的高度重视,是国家制定粮食政策和经济计划的重要依据。近年来,随着中国经济的迅猛发展,农业生产面临新形势,加之全球气候变化等因素的影响,农作物种植面积及其空间分布出现波动性变化(蔡剑和姜东,2011;杨晓光等,2010)。快速准确地掌握我国主要农作物种植面积及其空间分布,对于辅助政府有关部门制定科学合理的粮食政策和世界粮食安全具有极其重要的意义,是确保国家粮食安全、合理调整种植结构、正确处理"三农"问题的重要保障。

我国作物种植种类繁多,主要作物包括冬小麦、玉米、水稻、大豆等,根据国家统计局统计资料,2015 年全国粮食播种面积 11 334.05 万 hm²(170 010.75 万亩[①]),全国粮食总产量 62 143.5 万 t。长期以来,我国作物面积及产量信息主要依靠抽样统计调查,采用行政手段逐级上报汇总的方式获取,该方法容易受到人为因素的影响,费时费力,越来越难以满足相关部门管理、决策的需求。遥感影像具有覆盖面积大、重访周期短、信息资料丰富、现势性强、费用低的优点,遥感

————————

① 1 亩≈666.7m²。

技术已逐步成为作物面积监测的重要技术之一，农业遥感监测技术的研究也日益受到人们的重视。

在国际上，利用遥感技术进行作物面积监测起步较早，并已取得了丰富的成果。早在 1974 年，美国就开展了"大面积作物估产试验"（Large Area Crop Inventory and Experiment，LACIE）计划，应用 Landsat MSS 影像对作物进行识别，估算作物的面积、单产和总产。到 1978 年，估产的范围从美国扩大到全球，估产的对象从小麦扩展到玉米、大豆、水稻等农作物，估产的精度也不断提高，对冬小麦估产的精度达 90%以上。LACIE 计划是最早开展的农业遥感监测工作，成为了遥感在农业上应用的里程碑。在此之后，从 1980 年开始，美国又制定了"农业和资源的空间遥感调查计划"（AGRISTARS），进行美国及世界多种粮食作物的长势评估和总产量预报，此计划成功地将面积抽样框架技术（area sampling frame）和遥感技术引入农作物种植面积估测中，该计划的实施为美国农业获取了巨大的利益。到 2009 年，美国首次实现了其全国 20 多种农作物的遥感空间分布制图，并在以后逐年更新，现在已实现每年几十种农作物的监测和空间分布制图，在第二年的 1 月通过互联网向全球发布，空间分辨率为 30m。美国的农作物空间分布制图不仅服务了该国的农业生产，产生的科学数据产品还在气候变化研究、生态学、土地管理、环境风险评价、生物能源、植物保护、水资源管理、高效施肥、农业保险等方向有科学研究与应用，推动了科技进步（http://nassgeodata.gmu.edu/CropScape/；Boryan and Yang，2012）。

欧盟于 1987 年提出了 MARS（Monitoring Agriculture with Remote Sensing）计划，该项目研究的目的是利用遥感技术开发出欧盟内部农业统计体系的新方法，并研制能够实际应用的运行系统。该项目中的优先研究内容包括农作物种植面积清查、农作物总产量清查、农作物总产量预报。MARS 可快速提供关于欧洲农作物状况的早期统计信息，这些信息包括每年种植面积较前一年变化的百分比，以及预计当年的农作物产量。这些信息必须动态地在欧盟每月出版的《农作物状况通报》上发表。MARS 主要应用于以下两个方面：一是针对欧盟范围内的农业补助金申请情况，对农作物申报结果进行核查；二是利用遥感技术对农作物进行检测并进行作物产量估计。2003 年，欧盟启动了全球环境与安全监测（Global Monitoring for Environment and Security，GMES）计划（又称为哥白尼计划），GMES 计划主要应用于能源、农业、生态系统、健康、应急管理、绿色经济、气候等各个领域，是由欧洲委员会和欧洲太空总署联合倡议、于 2003 年正式启动的一项重大航天发展计划，主要目标是通过对欧洲及非欧洲国家（第三方）现有和未来发射的卫星数据及现场观测数据进行协调管理和集成，实现环境与安全的实时动态监测，为决策者提供数据，以帮助他们制定环境法案，或是对诸如自然灾害和人道主义危机等紧急状况作出反应，保证欧洲的可持续发展和提升国际竞争力。Sentinel 哨兵系列卫星即为该计划所发射的卫星。在农业方面，该计划开展了全球粮食安全风险监测，通过监测来控制粮食安全风险，防止粮食市场崩溃，并且为欧盟的粮食援助及粮食政策的制定提供可靠的依据。

俄罗斯、加拿大、巴西、日本、阿根廷等国家和联合国粮食及农业组织等机构都开展了基于遥感的农情监测研究，监测作物包括小麦、水稻、大豆、玉米、棉花等，并取得了较好的成果，服务于各自的农业信息获取及农业政策的制定。

我国的农业遥感监测开展得相对较晚，最早在 1979 年陈述彭开始倡导利用遥感技术进行作物估产，经过长时间的发展及应用，已形成了较为完备的农业遥感监测体系。1983 年，由国家气象局组织，北京市农林科学院农业综合发展研究所、天津市农业科学研究所、河北省气象科学研究所等参与，对中国北方 11 省市开展了冬小麦气象卫星遥感综合估产，组建了全国冬小麦遥感综合测产地面监测系统。

中国科学院则开展了农作物遥感监测计划，利用遥感信息进行作物播种面积估测、长势监测、单产估算等，在中国科学院遥感应用研究所建立了“全球农情遥感速报系统”（CropWatch），监测小麦、玉米、水稻等多种农作物，监测尺度从小区域至全国乃至全球尺度范围，并实现了业务化运行。

从 1998 年开始，全国农业资源区划办公室（农业部发展计划司）为及时了解和掌握每年全国农作物实际生长情况，实施了一项“全国农作物业务遥感估产”项目，该项目以农作物遥感业务化监测为目标，综合利用“3S”技术，监测冬小麦、玉米、棉花、水稻、大豆等作物，该项目由农业部遥感应用中心主持，全国多家单位参与，进行了作物长势监测、作物播种面积遥感解译、作物单产模型建立及产量估测等，为农业部及时、准确了解我国农作物生产情况提供了一个比较准确的数据源。

1.4　农作物面积遥感监测主要技术方法简介

农作物面积遥感监测主要是利用植被独特的光谱反射特性和空间特征，将农作物种植区和非种植区分开，再结合农作物的物候期区分农作物的种类（周成虎等，1999）。一般通过选取农作物遥感监测的最佳时期，应用多时相、多分辨率、不同成像方式的遥感数据源提取不同农作物的光谱植被指数、叶面积指数和生物量等信息，从而识别农作物类型和种植结构（唐华俊等，2010）。就遥感影像进行作物面积提取的技术方法而言，目前主要有目视解译、监督分类、非监督分类、模糊分类、人工神经网络分类、基于专家知识的图像分类、决策树分类、面向对象分类、混合像元分解、空间抽样法等，从数据源上考虑又可分为单时相影像分类、多时相影像分类、地块辅助数据及其他地面数据辅助遥感影像分类等。现将常用的几种作物遥感分类方法介绍如下。

1.4.1 目视解译

遥感图像目视解译是高分卫星作物类型精细识别的重要方法之一，利用目视解译不但可以精确获取研究区的作物类型分布，而且目视解译结果具有高精确性，可以应用到样本获取、计算机自动分类结果精度验证等各个环节，同时合理地运用目视解译的经验和知识指导遥感图像计算机自动解译，可以有效提高计算机自动解译的精度。

进行遥感图像的目视解译分类，需要解译人员具备专业的图像解译知识，了解地物判读分类的基本知识。一般情况下，遥感影像地物特征具有光谱特征、空间特征和时间特征，通过经验知识、实地考察等方式，判读解译人员能初步了解分类目标地物在遥感影像上的表现形式，通过建立基于目标地物的光谱特征、空间特征和时间特征，同时综合一些间接解译知识，如地物之间的相互关系等，可以建立某一地区影像地物分类的综合解译特征；通过合适的波段组合，针对作物分类的实际情况，选取分类目标作物分类敏感波段，将目标作物与背景地物最大化区分开来；通过地物提取工具，对目标地物进行手动提取，勾绘其范围矢量边界，并赋予其地物类型属性及其他必要属性信息；最后，目视解译结果还需要得到地面实测结果或其他资料的验证。目视解译的作物分类结果可以作为小范围区域作物类型识别制图依据，也可以作为计算机分类的输入样本及精度验证的基准数据。

目视解译的主要优点是分类精度较高，完全人工操作可以避免使用机器分类导致的过分类或错分类，分类结果与人的预期结果一致；其缺点是效率低下，无法应用于大范围区域作物的常态化监测，同时目视解译对于操作人员的专业知识有一定要求，如果操作人员对分类作物特性不熟悉，则可能导致分类精度的降低。

目视解译主要应用于遥感估产的早期、计算机自动处理程度不高的情况下。例如，1983～1987 年，我国在京津冀开展的冬小麦遥感估产研究，主要依赖 Landsat MSS 影像和航空像片的目视解译；目视解译遥感影像的分类精度高，但对图像解译人员要求很高，而且费工费时，不能满足信息时效性的需要。近年来，多利用计算机自动分类与目视解译相结合的方法进行信息提取。

1.4.2 非监督分类

非监督分类也称为聚类分析或点群分类，是在多光谱图像中搜寻、定义其自然相似光谱集群的过程。它不必对影像地物获取先验知识，仅依靠影像上不同类地物光谱（或纹理）信息进行特征提取，再统计特征的差别来达到分类的目的，最后对已分出的各个类别的实际属性进行确认。非监督分类主要采用聚类分析方法，聚类是把一组像素按照相似性归成若干类别，即"物以类聚"。它的目的是使数据同一类别的像素之间的距离尽可能的小,而不同类别的像素之间的距离尽可能的大,常用的方法包括 ISODATA、K-Means 等。

K-Means 使用了聚类分析方法,随机选取初始聚类中心,通过迭代计算每个对象与各聚类中心的聚类相似度,并将其分类至相似度最高的聚类簇中,并重新计算聚类中心,直至其不再变化。聚类相似度使用聚类中对象的均值所获得的"中心对象"进行计算。

迭代自组织数据分析技术(iterative self-organizing data analysis,ISODATA),计算数据空间中均匀分布的类均值,然后用最小距离技术将剩余像元进行迭代聚合,每次迭代都重新计算均值,且根据所得的新均值,对像元进行再分类。它以样本平均迭代来确定聚类的中心,在每一次迭代时,首先在不改变类别数目的前提下改变分类。然后将样本平均矢量之差小于某一指定阈值的类别对合并起来,或根据样本协方差矩阵来决定其分裂与否。

闫峰等(2009)利用冬小麦在 Ts-EVI 特征空间中具有独特的序列谱相特征,对 Ts-EVI 空间信息的一维化处理后,采用主成分分析方法对时间信息降维,以 ISODATA 非监督分类方法实现了冬小麦分离提取结果的样点验证精度达到 91.20%。陈晓苗(2010)以中分辨率成像光谱仪(MODIS)影像为主要信息源,经过数据几何校正、大气辐射校正、云检测等预处理过程,计算并合成旬 NDVI,对 NDVI 时间序列进行了去噪处理,结合目视解译的 2005 年 Landsat 影像的土地利用类型数据,运用遥感(RS)技术、地理信息系统(GIS)技术,采用逐级分区分层的方法,利用 ISODATA 非监督分类,依据 MODIS-NDVI 的时间序列变化特征,与农作物物候历相对应,建立评判模型,对河北全省来说,棉花和莜麦误差仅分别为 3.55%和 0.18%,分类精度较高,春玉米的误差是 17.80%,冬小麦-夏玉米的误差相对较大,但最后的分类精度都达到87%。

与监督分类方法相比,非监督分类的主要优点包括:①分类不需要先验知识的确定和输入,对专家经验知识的依赖性较低;②分类过程中人工干预较少,而监督分类的结果可能受到样本不同的影响;③地物分类的细度更强,而监督分类只能区分样本地物,若某一地物在样本中不存在则无法进行分类。

非监督分类的主要缺点是:①非监督分类产生的分类结果与作业人员实际需要的分类结果之间往往无法一一对应,必须经过类别重新定义,合并相同类别,剔除错分地类;②图像中各类别的光谱特征会随时间、地形等变化,不同图像及不同时段的图像之间的光谱集群组无法保持其连续性,从而使不同图像之间的对比变得困难。

1.4.3　监督分类

监督分类(supervised classification)又称训练场地法,是以建立统计识别函数为理论基础，依据典型样本训练方法进行分类的技术。即根据已知训练区提供的样本，通过选择特征参数，求出特征参数作为决策规则，建立判别函数以对各待分类影像进行图像分类，是模式识别的一种方法。要求训练区域具有典型性和代表性。判别准则若满足分类精度要求，则此准则成立；反之，需重新建立分类的决策规则，直至满足分类精度要求为止。监督分类常用的算法有最小距离分类、马氏距离分类、平行六面体分类、神经元网络分类、波谱角填图分类、最大似然分类、支持向量机等方法。

美国的 LACIE 计划，使用Landsat MSS数据，部分结合航空像片，在地面样方小麦种植情况和位置已知的前提下，采用分层监督分类的方法，提取小麦的种植面积，达到90%以上的提取精度。1995 年，欧盟 15 个国家利用 180 景SPOT/HRV影像，结合 60 个地面样点的数据，进行作物估产，精确到地块和作物种类。Baban等在获取到与图像成像时间相隔不久的地面样点数据的情况下，利用监督分类方法可达到87%的整体分类精度。

监督分类方法与非监督分类方法相比，根本区别在于是否利用训练场地来获取先验的类别知识，非监督分类方法不需要更多的先验知识，据地物的光谱统计特性进行分类。当两地物类型对应的光谱特征差异很小时，分类效果不如监督分类效果好；而监督分类可充分利用分类地区的先验知识，预先确定分类的类别；可控制训练样本的选择，并可通过反复检验训练样本，以提高分类精度（避免分类中的严重错误）；可避免非监督分类中对光谱集群组的重新归类。

监督分类的缺点是人为主观因素较强；训练样本的选取和评估需花费较多的人力、时间；只能识别训练样本中所定义的类别，对于因训练者不知或因数量太少而未被定义的类别，监督分类不能识别，从而影响分类结果，尤其是对于作物类型复杂的地区。

1.4.4　面向对象分类

面向对象分类方法是基于基元或者影像对象的分类方法，其基本原理是首先根据相邻像元之间的光谱异质及设定的光谱异质阈值对图像的像元进行合并和分割，形成由多个同质像元组成的目标对象，进而对目标对象进行分类，分类时不仅依靠地物的光谱特征，更多的是根据影像对象的空间、纹理、上下文等几何特征和结构信息，把具有相同规则的对象归为一类。其与传统分类方法的最大区别是：面向对象分类方法是基于影像对象或基元而不是单个像素。在高、中分辨率遥感影像的信息提取过程中利用面向对象分类的方法具有这样的优点：能够充分利用高、中分辨率遥感影像丰富的光谱、纹理细节信息，通过更精确地刻画影像地物的尺寸、形状、邻域地物的关系来提高信息提取的精度；能够消除传统的基于像素的分类方法在高、中分辨率遥感影像信息提取过程中的"椒盐效应"。

面向对象分类以影像中结构相似的相邻像元组成的对象为处理单元，在分类过程中根据对象的特征信息和地物及其子类的定义，以及地物与地物间的关系建立分类层次结构，共分为三个步骤：①影像分割；②分类特征选择；③建立分类规则并进行分类。

影像分割使影像中同质像元相合并和异质像元相分离，将影像聚类划分为若干有意义的多边形对象，每个对象具有相同或相似的特征，如空间、光谱、纹理和形状等，分割结果直接影响特征提取与分类精度。

分类特征选取图像对象包含了许多可用于分类的特征：光谱特征、形状、纹理、拓扑关系、上下文关系和专题数据，每一种特征均包含有若干指标。灵活运用对象的各种特征，能更好地提取特定地物信息。

根据影像对象特征及地物间的关系，建立了分类层次结构。具体规则的建立主要考虑了两方面内容。①各层次类型的规则建立：根据对象的特征定义判定规则。②层内子类型对父类型继承：如果存在子类型，那么子类型首先继承父类型判定规则，然后增加其特有的特征作为判定规则。每一规则的建立不一定必须包括以上两方面内容，即仅用一个层次也可以形成规则。

李卫国等（2007）利用冬小麦拔节期TM和 ERS/SAR遥感影像进行数据融合，采用面向对象分类方法，以影像对象为处理单元，结合地物丰富的空间、纹理信息进行小麦面积提取，并与基于像素分类方法（SVM）分类结果进行了比较。结果表明，面向对象分类方法精度达到了94.16%，较准确地提取出了研究区内冬小麦种植面积，比SVM分类结果具有明显优势。李天坤（2013）利用面向对象分类方法，选用中巴资源卫星ZY-102C的HR相机得到的分辨率为2.36m的遥感影像和PMS相机得到的分辨率为10m的多光谱数据为遥感数据源，选用了支持向量机的传统监督分类和分割后支持向量机的监督分类与面向对象分类方法进行精度对比，分别得到分类精度和Kappa系数为85.59%和0.57、90.63%和0.71、93.74%和0.81，结果表明，面向对象分类方法能有效地提取螺髻山镇的烟草种植面积。

1.4.5　决策树分类

决策树分类通过构建一系列的分类决策方式，针对遥感影像数据及其他辅助数据进行层层分类，最终获得需要的分类结果。分类决策方式的构建方法有多种，主要有专家知识决策树、CART 决策树、随机森林树等。

决策树分类法的基本思想是：按照一定的规则把遥感数据集逐级往下细分以得到具有不同属性的各个子类别。决策树由一个根节点（root node）、一系列内部节点（internal node）（分支）和终极节点（terminal node）（叶）组成，每一个内部节点只有一个父节点和两个或多个子节点。在每一个内部节点（包括根节点）

处根据一系列规则将该节点处的数据集划分为两个子集，如此往复直至所有的数据被分为预期设定的各个子集为止。这里的规则可以根据经验和目视解译人为设定，也可以按照一定的算法自动获取。决策树能够处理的数据集不仅包含光谱信息，还可以是纹理信息、空间特征和高程信息等多源数据。

和常规分类方法相比，决策树分类法应用于遥感影像分类主要具有以下优点。

（1）分类决策树具有结构清晰、易于理解、实现简单、运行速度快、准确性高等特点。可以供专家分析、判断和修正，也可以输入专家系统中。

（2）决策树分类法不需要假设先验概率分布，这种非参数化的特点使其具有更好的灵活性和鲁棒性，因此，当遥感影像数据特征的空间分布很复杂，或者多源数据具有不同的统计分布和尺度时，用决策树分类法能获得理想的分类结果。

（3）决策树可以有效地处理大量高维数据和非线性关系。

（4）决策树分类法能够有效地抑制训练样本噪声和解决属性缺失问题，因此可以解决训练样本存在噪声（可能由传感器噪声、漏扫描、信号混合、各种预处理误差等造成）使得分类精度降低的问题。

张旭东（2014）由试验区的水稻特征建立了基于专家知识的分类规则，综合运用 MODIS 时间序列 NDVI、MOD12Q1、DEM 及其派生的坡度数据进行决策树分类，对辽宁省 2009 年水稻种植面积进行识别提取，结果表明，该方法精度相比传统的监督分类方法要高，相对误差为 5.04%，相关系数达到 0.96。玉苏普江·艾麦提等（2014）利用 CART 决策树算法，对 2012 年的 3 景不同时相 HJ 卫星 CCD 遥感数据进行玉米、棉花和小麦的识别提取，总体精度达到了 91.73%。张晓娟等（2010）利用不同时相的 SPOT4 及 ETM 遥感数据，综合对比了 CART 决策树分类法与最大似然分类方法，结果表明，决策树分类法精度较高，达 96%，最大似然分类方法则仅为 84%。马玥等（2016）基于随机森林树方法，采用多时相光谱信息、纹理信息、地形信息对研究区的农耕区土地利用信息进行提取，分别使用支持向量机、随机森林、最大似然分类等方法，结果表明，随机森林树方法精度最高，达到了 85.54%。

1.4.6 混合像元分解

按照光谱混合分析方法的不同，混合像元分解模型可以分为线性和非线性的两种。线性光谱混合模型因其简单和易于处理的特点而得到了广泛应用。线性光谱混合模型被定义为：像元在某一光谱波段的反射率（亮度值）是由构成像元的端元组分的反射率（光谱亮度值）以其所占像元面积比例为权重系数的线性组合。在农作物种植面积提取方面，许文波（2004）利用混合像元分解方法进行了冬小麦种植面积的提取，结果表明，一个样区提取的结果相对误差为 2.09%，采用多样区提取的结果相对误差为 3.82%。陈水森等（2005）在光谱混合分析模型的基础上，提出了光谱角度和影像拟合残差相结合的最优端元选择方法，获得混合像元中各端元的面积比例，对小麦和荔枝种植面积进行了估算，结果表明，小麦像元内小麦地物比例制图的精度达到 95% 以上，荔枝面积估算结果和制图精度达到98%。薛云（2005）利用线性光谱混合模型，从 TM 影像上提取了荔枝分布区信息，运用混淆矩阵和 Kappa 系数分析的结果表明，总的分类精度达到93%以上，Kappa系数也高达 0.8828。Fitzgerald 等（2005）在棉花冠层的光谱混合分析模型中采用了四端元（绿叶、土壤、有阴影的叶子和土壤），结果表明，四端元模型估算的覆盖度精度高于三端元模型（未区分阴影）。Bannari 等（2006）利用线性光谱混合分析技术，对耕地上农作物收获后残余物进行了估算，结果表明，高光谱数据的估算精度高于 IKONOS 数据。

1.4.7　空间抽样法

空间抽样法适用于耕地地块破碎、种植结构复杂的情况，认为直接将分类像元作为最终作物面积提取的方法存在有偏性，因此需要利用遥感影像进行样本分层及混合像元统计，采用农作物播种面积空间抽样技术，结合遥感影像进行农作物面积的提取。Tsiligirides（1998）和 Gallego（1999）详尽报道了利用面积框抽样方法结合遥感技术对希腊主要作物面积进行抽样调查的实施过程。Delincé（2001）介绍了自 2001 年开始，在欧盟 15 个成员国推行的土地利用/覆盖面积框统计调查（LUCAS）计划中采用的抽样调查方案。LUCAS 计划以简单随机抽样作为抽样效率评价标准，通过对比分层和两阶段系统抽样方法的效率，最终选定两阶段系统抽样。Pradhan（2001）基于 GIS、遥感和面积框抽样方法，开发了一套地理信息系统用于伊朗哈马丹省的作物面积抽样调查。Flores 和 MartíNez（2000）基于遥感和地面抽样调查数据，用一种经验线性无偏估计方法进行小面积农作物面积的估算。Alonso 等（1991）比较分析了用两种方法（分别由欧盟的 IRSA 和美国的 NASS 开发）获得的西班牙纳瓦拉南部地区的农业物面积，两种方法都用到了 Landsat 影像和面积框抽样方法，结果显示，由欧盟的遥感应用研究所（IRSA）和美国的国家农业统计服务处（NASS）采用的两种方法统计精度和预测值都相近。

1.4.8　单时相及多时相分类法

单时相法主要通过选取作物关键物候期的单景遥感影像，利用监督分类、非监督分类、面向对象分类等多种技术方法，基于地物的光谱、纹理特征等信息，对目标作物进行识别及面积提取，其优势是处理数据量小、效率高、时效性强、相比多时相方法无需作物完整物候期的所有遥感影像即可进行、便于进行当年度作物即时播种面积等的提取。Lennington 等（1984）基于 Landsat 卫星数据，使用混合像元分解技术进行作物面积提取，并与其他分类方法进行比较，取得了较好的效果。武永利等（2011b）利用单时相 FY-3A/MERSI 可见光到近红外波段 250m 分辨率数据，运用线性混合分解模型、最大似然分类法和神经网络法 3 种常用方法，计算得到了研究区域运城市的冬小麦种植情况，相对误差分别为 5.9%、10.2% 和 9.0%。李平阳等（2015）利用 HJ-1A 卫星 2010 年 4 月 2 日、2012 年 3 月 25 日、2013 年 4 月 2 日影像数据，运用马氏距离法、最大似然分类法、最小距离法、ISODATA 法，对衡水市 2010 年、2012 年、2013 年的冬小麦种植面积进行提取，研究结果表明，各分类方法分类精度均较高，总体精度超过 90%，Kappa 系数为 0.767～0.997。

多时相法利用覆盖作物物候期的多个时相卫星遥感数据进行作物面积的提取。研究表明，用单时相的遥感影像很难获取区分的最大差异，而多时相遥感提供的季相节律信息是保障农作物面积监测的关键，会使分类精度有较大提高。多时相法一般需要根据待提取的目标作物的物候特征，选取合适的多时相影像，通过构建植被指数或者光谱特征集信息，利用监督分类、非监督分类、面向对象分类、决策树分类方法等，进行作物分类及面积提取。Turner 和 Congalton（1998）利用 3 个时相的 SPOT-XS（systeme probatoire d'observation dela Tarre/XS）影像，采用非监督分类与监督分类相结合的方法，获取了较高精度的非洲半干旱地区水稻作物分布图。朱长明等（2011）在面向对象技术的支持下，利用融合的 SPOT5 遥感影像提取农田地块专题层信息并用于对多时相的 ETM+遥感数据进行统一尺度分割，通过光谱特征规则集构建不同时相的冬小麦信息提取模型，提取冬小麦播种面积，总体精度达到 90%。Nuarsa 等（2011）基于多时相 Landsat ETM 影像，分析了研究区水稻种植面积，与参考值比较，两者的相关系数为 0.971，标准误差为 43.04hm^2。

第 2 章　农作物面积遥感监测数据源

2.1　引　　言

随着国内外新型遥感卫星的不断发射，不同类型的遥感影像数据源越来越丰富，同时利用遥感影像进行作物面积遥感监测的技术手段也越来越多，使得基于遥感影像进行作物面积监测发展越来越快。当前作物分类应用到的遥感影像主要有 MODIS、Landsat、NOAA、SPOT、WorldView、RapidEye、HJ-1、ZY-1、GF-1等国内外卫星影像，分辨率覆盖了从高到低的各个级别，相应地，各影像幅宽和重访周期也不尽相同，可以应用于不同尺度的作物面积遥感监测。Wardlow 和Egbert（2008）等利用 MODIS 的 250m 分辨率影像制作了 NDVI 时序影像数据，用以研究美国中央大平原大范围作物面积制图，结果表明，利用 MODIS NDVI时序影像进行大尺度作物识别，精度可以达到 80%以上。Zheng 等（2015）利用Landsat 30m 分辨率卫星影像制作了 NDVI 时序影像，并使用支持向量机的方法，对美国凤凰城的各种作物类型进行识别，结果显示分类总体精度达到了 86%。Ichikawa 等（2014）利用高分辨率的 RapidEye 卫星时序影像，使用 2010 年 4～10 月 4 景影像，使用支持向量机方式进行研究区的 6 种作物类型分类，结果表明，其分别为草地、玉米、越冬作物、油菜、根茎作物和其他作物。Chellasamy 等（2014a）利用 WorldView 2 卫星 1.8m 分辨率的多光谱影像，使用自动选择训练样本的方法，研究了丹麦 Vennebjerg 地区 650hm^2 农田的作物分类，其中油菜分类精度达 91.2%，冬小麦分类精度达 88.4%，果树分类精度达 96.5%。国内较多学者也展开了基于国内外不同分辨率卫星影像的作物识别及面积提取研究工作，结果都表明，使用不同分辨率的遥感影像进行作物面积识别提取工作，基本上空间分辨率越高分类精度也越高，但同时分辨率越高，其研究区越小，对于全国尺度范围内的作物面积高精度识别而言，若选用过低分辨率影像则会导致精度降低，过高分辨率影像则会导致工作量过大，同时还会存在影像覆盖范围的问题。因此，需要针对实际的研究区域情况有针对性地使用合适的卫星影像源。

自"高分辨率对地观测系统专项"实施以来，我国目前已成功发射了多颗遥感探测卫星，截至 2016 年，已发射包括 GF-1、GF-2、GF-3 等一系列卫星，即将发射 GF-6 卫星等，并开展了基于高分卫星的应用示范工程，在林业、减灾、国土资源、交通、水利等各个领域展开了应用研究；而在农业领域，由于高分卫星相比目前已有数据源的巨大优势，包括在兼顾 16m 高分辨率的同时具有近 800km

的最大幅宽、标称重访周期 4d、光谱设置丰富等特点，在大尺度高精度农业遥感业务化监测领域具有很好的应用前景，目前已有越来越多相关方面的研究。本书的主要研究内容就是围绕高分卫星数据源展开的。

本章主要对作物面积遥感监测的常用数据源进行简单介绍，包括卫星遥感影像数据源及无人机航拍数据等遥感数据，以及作物分类过程中需要的辅助数据，如行政区划、DEM 数字高程模型、农业统计年鉴等资料。同时，本章还针对各个卫星影像源的应用优势进行了分析。

2.2　主要遥感数据源介绍

遥感影像从载体位置上可以分为卫星遥感影像、航空遥感影像、地面遥感影像。卫星遥感影像最为常用，如 MODIS 影像、Landsat 影像、GF-1 WFV 影像等，其观测面积大、重访周期短，但一般情况下分辨率较低，适合区域级的作物面积监测应用；航空遥感影像，如美国的机载可见光/红外成像光谱仪（airborne visible infrared imaging spectrometer，AVIRIS），澳大利亚的 HyMap，中国的 PHI、OMIS 等传感器，以及目前越来越普及的无人机影像，其观测范围较小、成本较高，但是具有分辨率高的优势，适合进行小范围精细农业观测或样方数据获取；地面成像光谱仪设备国外发展较早，如芬兰的 Spectral Imaging、美国的 Resonon 等，国内主要有中国科学院遥感应用研究所研制的地面成像光谱辐射测量系统 FISS，此类型的遥感影像分辨率可达厘米乃至毫米级别，主要应用于地面作物样本光谱获取、作物种子品质检测等。对于作物面积监测而言，主要使用卫星遥感影像数据，航空遥感及地面遥感影像则用于样方获取及样本检测等方面。

不同的卫星影像特性差异很大，包括空间分辨率、重访周期、幅宽、波段设置等，导致不同卫星影像在农业遥感监测中的应用能力也有差异。表 2-1 列举了不同尺度范围下作物面积遥感监测适宜的遥感影像数据源。在全国乃至全球尺度下，由于观测区域广大，因此适宜使用大幅宽的卫星影像，如 MODIS、NOAA，此类影像一般重访周期能达到一天两次乃至更多；对于区域乃至省级尺度，常规卫星影像大多可以满足此类观测需求，如 TM 卫星、GF-1 WFV、环境卫星，其幅宽适中、分辨率较高，重访周期虽然稍长，但是能满足农业时序观测要求；对于地市级或区县级，由于观测范围较小，可以选用分辨率达到米级的卫星影像，处理工作量适宜，且分辨率的提高有助于进行精细作物分类和分类精度的提高；而对于更精细的地块级别作物识别观测，则可以选取具有亚米级分辨率的卫星影像，如 GeoEye、WorldView 等，观测区域小，精度很高，适宜进行样方地块作物类别提取。下文将对国内外常用的主要卫星影像进行简单介绍。

表 2-1　不同监测区域尺度适宜卫星影像数据

监测尺度范围	空间分辨率	幅宽	重访周期	常用遥感影像数据
全国/全球范围	千米级	上千千米	一天两次	MODIS、NOAA 等
区域级/省级	几十米	几百千米	数天至十几天	TM、HJ、GF-1、ZY 等
地市级/区县级	米级	数十千米	十至数十天	GF-2、RapidEye、Sentinel 等
地块级	亚米级	数十千米	不定	WorldView、GF-2 融合影像、GeoEye 卫星等

2.2.1　MODIS 影像

中分辨率成像光谱仪（moderate-resolution imaging spectroradiometer，MODIS）是搭载在 Terra 和 Aqua 卫星上的一个重要传感器，其数据通过 X 波段向全世界直接广播，实行免费接收及无偿使用政策。

美国国家航空航天局（NASA）在 1991 年开展了地球科学事业（Earth Science Enterprise，ESE）项目，通过卫星及其他工具对地球进行更深入的研究，加强对地球大气、海洋和陆地的综合观测。作为 ESE 项目地球观测卫星系列 EOS 的首星，Terra 卫星于 1999 年 12 月 18 日成功发射升空，该卫星为太阳同步极轨卫星，轨道高度 705km，在地方时每天上午 10:30 过境，因此又称上午星。第二颗卫星为 Aqua 卫星，于 2002 年 5 月 4 日发射升空，与 Terra 卫星组成观测星座，在地方时每天下午 1:30 过境，因此又称下午星。两颗卫星互相配合组成星座，每 1～2d 即可重复观测整个地球表面。MODIS 的主要技术指标如表 2-2 所示。

表 2-2　MODIS 影像主要参数

参数	指标
轨道高度	705km
降交点地方时	Terra 10:30am，Aqua 1:30pm
幅宽	2330km
观测光谱范围及波段数	0.405～14.385μm，36 个波段
分辨率	250m、500m、1000m 不等

MODIS 卫星由于其覆盖范围极大、重访周期很短，因此非常适合进行大尺度如全国乃至全球范围内的作物面积遥感监测，且经过十多年的发展，目前已有数十个基于 MODIS 影像的各类标准数据产品免费提供，是农业遥感监测的重要数据源。然而，由于其分辨率较低，其作物面积监测的精度相对较低，适合大尺度趋势性监测，对于较小尺度范围内的精细监测能力不足。

2.2.2　Landsat 影像

Landsat 卫星是美国 NASA 陆地卫星计划发射的地球观测卫星，其第一颗卫星于 1972 年 7 月 23 日发射升空，目前为止已发射 8 颗卫星，当前 Landsat 1～Landsat 4 号卫星早已退役，Landsat 5 号卫星也在运行了近 30 年后，于 2013 年正式退役；Landsat 6 号卫星发射失败；Landsat 7 号卫星于 1999 年 4 月 15 日发射升空，2003 年机载扫描行校正器 SLC 出现故障，导致之后的数据出现条带丢失现象；Landsat 8 号卫星于 2013 年 2 月 11 日发射升空，在经过 100d 的测试运行后开始获取影像数据。Landsat 系列卫星由于发射较早且资料连续性很强，历史资料丰富，因此很适合研究较长时间尺度地球表面农业用地等的变化趋势。

Landsat 1～Landsat 4 号卫星搭载了多光谱成像仪 MSS 传感器，空间分辨率为 78m；Landsat 4～Landsat 7 号卫星搭载了专题制图仪 TM 传感器，空间分辨率为 30m；Landsat 8 号卫星则搭载了陆地成像仪（operational land imager，OLI）和热红外传感器（thermal infrared sensor，TIRS），OLI 空间分辨率为 30m，包括一个 15m 的全色波段，TIRS 空间分辨率为 100m。表 2-3 为 Landsat 8 OLI/TIRS 传感器的主要参数。Landsat 影像由于光谱数量多、分辨率高、数据质量好且免费提供、数据资料连续性好等，应用范围广泛，是当前中等范围尺度农业遥感监测的主要数据源。

表 2-3　Landsat 8 OLI/TIRS 主要参数

传感器	波段名称	波段/μm	备注
陆地成像仪（OLI）	band 1 coastal	0.433～0.452	
	band 2 blue	0.450～0.515	
	band 3 green	0.525～0.600	
	band 4 red	0.630～0.680	
	band 5 NIR	0.845～0.885	OLI 空间分辨率 30m，pan 波段 15m，TIRS 空间分辨率 100m，重访周期 16d，幅宽 185km，降交点地方时 10:00am，轨道高度 705km
	band 6 SWIR1	1.560～1.660	
	band 7 SWIR2	2.100～2.300	
	band 8 pan	0.500～0.680	
	band 9 cirrus	1.360～1.390	
热红外传感器（TIRS）	band 10 TIRS1	10.60～11.20	
	band 11 TIRS2	11.50～12.50	

2.2.3　RapidEye 卫星影像

RapidEye 卫星发射于 2008 年 8 月 29 日，由 5 颗卫星组成卫星星座，该卫星由加拿大 MDA 公司设计，德国 RapidEye AG 公司负责运营。5 颗 RapidEye 卫星均匀分布在一个太阳同步轨道内，轨道高度 620km，分辨率 6.5m，且每颗卫星都携带 6 台相机。

RapidEye 卫星的主要参数如表2-4所示。该卫星除了用于传统可见光卫星的4个波段外，还具有独特的"红边"波段，更有利于作物分类及作物长势监测。RapidEye 卫星是全球首个提供"红边"波段的多光谱商业卫星，其独特的波段设置更有利于农业、环境等领域的调查与研究。

表 2-4 RapidEye 卫星主要参数指标

参数	指标
轨道高度	630km
幅宽	77km
通过赤道时间	11:00am 左右
分辨率	5m
光谱波段	蓝（440～510nm）
	绿（520～590nm）
	红（630～685nm）
	红边（690～730nm）
	近红外（760～850nm）

2.2.4 WorldView 卫星影像

WorldView 是 DigitalGlobe 公司的商业成像卫星系统，当前共有三颗卫星。WorldView- I 发射于 2007 年 9 月 18 日，轨道高度为 450km，位于太阳同步轨道，平均重访周期 1.7d，搭载全色传感器，分辨率为 0.5m，能进行快速同轨立体成像；WorldView- II 发射于 2009 年 10 月 6 日，运行于太阳同步轨道上，轨道高度为770km，能提供 0.5m 分辨率全色和 1.8m 分辨率多光谱影像，多光谱除了 4 个标准波段（蓝、绿、红、近红外 1）外，还提供海岸/气溶胶、黄、红边、近红外 2这 4 个额外波段，极大地提高了该卫星的地物识别能力，对于植被监测具有很大的优势，可用于小范围精确作物分类识别；WorldView-III发射于 2014 年 8 月 13日，其全色分辨率达 0.31m，多光谱分辨率为 1.24m，短波红外分辨率为 3.70m，一经发射即成为当前分辨率最高的商业卫星之一，其波段设置也非常丰富，除了具备上一代卫星的 8 个波段外，还增加了 8 个短波红外波段 SWIR1～SWIR8及 12 个 CAVIS 波段，其极高的分辨率、相比其他卫星更广的光谱范围，使其在作物识别、变化检测等各个领域有广阔的应用前景。表 2-5 是 WorldView 系列卫星的主要参数信息，可以看出，WorldView 系列卫星分辨率非常高，且波段分幅，可用于制作高精度作物样方数据，但是其幅宽很小，且价格较贵，不适合进行大尺度范围作物面积普查。

表 2-5 WorldView 系列卫星主要参数

卫星	参数	指标	其他
WorldView-I	全色波段	400~900nm	重访周期平均为 1.7d,星下点分辨率为 0.45m
	轨道高度	450km	
	降交点地方时	10:30am	
	幅宽	16km	
WorldView-II	全色波段 450~580nm		重访周期平均为 1.1d,全色分辨率为 0.5m,多光谱分辨率达到 1.8m
	海岸/气溶胶 400~450nm		
	蓝 450~510nm		
	绿 510~580nm		
	黄 585~625nm		
	红 630~690nm		
	红边 705~745nm		
	近红外 NIR1 770~895nm		
	近红外 NIR2 860~1040nm		
	轨道高度	770km	
	最小幅宽	16.4km	
	分辨率	0.5m	
WorldView-III	在 WorldView-II 基础上,增加 8 个短波红外波段:SWIR1:1195~1225nm SWIR2:1550~1590nm SWIR3:1640~1680nm SWIR4:1710~1750nm SWIR5:2145~2185nm SWIR6:2185~2225nm SWIR7:2235~2285nm SWIR8:2295~2365nm		另外还具有 12 个 CAVIS 波段,用于探测沙漠云层、水、浮质、卷云等,光谱为 1195~2245nm
	星下点分辨率	全色分辨率 0.31m 多光谱分辨率 1.24m 短波红外分辨率 3.70m CAVIS 30m	
	星下点幅宽	13.1km	
	轨道高度	617km	
	降交点地方时	1:30pm	

2.2.5 Sentinel 哨兵系列卫星影像

Sentinel 哨兵系列卫星是欧洲"哥白尼计划"[又称为全球环境与安全监测（GMES）计划]空间部分的专用卫星系列,由欧洲委员会投资、欧洲航天局研制,包括 2 颗哨兵-1 卫星、2 颗哨兵-2 卫星、2 颗哨兵-3 卫星、2 颗哨兵-4 卫星、2 颗哨兵-5 卫星（哨兵-5 和哨兵-5P），以及 1 颗哨兵-6 卫星。哨兵-1 卫星是雷达成像卫星，哨兵-2 卫星为高分辨率多光谱成像卫星，哨兵-3 卫星则是全球海洋和陆地观测卫星，哨兵-4 卫星用于大气化学成分检测，哨兵-5 卫星用于监测大气环境，哨兵-5P 卫星则是哨兵-5 卫星的先导星，哨兵-6 卫星主要用于海洋科学和气候研究。农业遥感监测主要使用哨兵-2 高分辨率多光谱卫星影像数据。哨兵-2A 卫星已于 2015 年 6 月 23 日发射升空。经过半年的测试，于 2015 年 12 月 3 日起，哨兵-2A 卫星数据正式向全球用户提供免费下载。哨兵-2A 卫星携带一枚多光谱成像仪，可覆盖 13 个光谱波段，刈幅宽度达 290km。该卫星在运行期间将提供有关农业、林业种植方面的监测信息，对预测粮食产量、保证粮食安全等具有重要意义。此外，它还将用于观测地球土地覆盖变化及森林，监测湖水和近海水域污染情况，以及通过对洪水、火山喷发、山体滑坡等自然灾害进行成像，为灾害测绘和人道主义救援提供帮助。表 2-6 为哨兵-2 卫星的主要参数。由于哨兵系列卫星具备高分辨率、大幅宽、独特丰富的波段设置，以及免费的数据发放策略，可以预见，随着哨兵-2A 卫星数据的不断获取积累，该卫星在农业遥感领域具有很大的应用潜力。

表 2-6　哨兵-2 卫星主要参数

参数	指标
波段设置	0.4～2.4μm，包括可见光、近红外和短波红外共 13 个波段，包含有 3 个红边波段
幅宽	290km
轨道高度	786km 太阳同步轨道
重访周期	单星 10d，A/B 星星座可达 5d
分辨率	10m、20m、60m 不等

2.2.6　环境（HJ）系列卫星影像

环境与灾害监测预报小卫星星座 A、B、C 星（HJ-1A、HJ-1B、HJ-1C）包括两颗光学星 HJ-1A、HJ-1B 和一颗雷达星 HJ-1C，可以实现对生态环境与灾害的大范围、全天候、全天时的动态监测。环境卫星配置了宽覆盖 CCD 相机、红外多光谱扫描仪、高光谱成像仪、合成孔径雷达等 4 种遥感器，组成了一个具有中高空间分辨率、高时间分辨率、高光谱分辨率和宽覆盖的比较完备的对地观测遥感系列。

HJ-1A、HJ-1B 卫星于 2008 年 9 月 6 日上午 11 时 25 分成功发射，HJ-1A 卫星搭载了 CCD 相机和超光谱成像仪（HSI），HJ-1B 星搭载了 CCD 相机和红外相机（IRS）。在 HJ-1A 卫星和 HJ-1B 卫星上装载的两台 CCD 相机设计原理完全相同，以星下点对称放置，平分视场、并行观测，联合完成对地刈幅宽度为700km、地面像元分辨率为30m、4个波段的推扫成像。此外，HJ-1A卫星上装载有一台超光谱成像仪，完成对地刈幅宽度为50km、地面像元分辨率为100m、110～128个光谱谱段的推扫成像，具有±30°侧视能力和星上定标功能。在HJ-1B卫星上还装载有一台红外相机，完成对地刈幅宽度为720km、地面像元分辨率为150/300m、近短中长4个光谱波段的成像。HJ-1A卫星和HJ-1B卫星的轨道完全相同，相位相差180°。两台CCD相机组网后重访周期仅为2d。表2-7为HJ-1A、HJ-1B卫星主要参数。

表2-7 HJ-1A、HJ-1B卫星主要参数

参数	指标
轨道类型与高度	太阳同步轨道，高度649.093km
幅宽	CCD相机单台360km，两台组合700km
	红外相机720km
	高光谱相机50km
降交点地方时	10:30am左右
回归周期	31d
CCD相机载荷波段设置	蓝：0.43～0.52μm
	绿：0.52～0.60μm
	红：0.63～0.69μm
	近红外：0.76～0.9μm
红外多光谱相机波段设置	0.75～1.10μm
	1.55～1.75μm
	3.50～3.90μm
	10.5～12.5μm
高光谱成像仪	110～128个波段，0.45～0.95μm

2.2.7 资源（ZY）系列卫星影像

资源系列卫星是我国发射的一系列地球观测卫星。资源一号卫星（CBERS-1）于1999年发射升空，是我国第一代传输型地球资源卫星；资源二号卫星（CBERS-2）是CBERS-1的替代卫星，于2003年发射。资源一号02C（ZY-1 02C）于2011年发射，搭载有全色及多光谱传感器，可广泛应用于国土资源、防灾减灾、农林水利、环境保护等领域。资源二号卫星包括01、02、03三颗卫星。资源三号卫星为中国首颗民用高分辨率立体测绘卫星，集卫星测绘及资源调查于一身，可以测绘1∶5万比例尺地形图，为国土资源、农业、林业等领域提供服务。而最新的资源一号卫星04星（CBERS-04）于2014年12月7日发射，其共搭载4台相机，包括5m、10m空间分辨率的全色多光谱相机（PAN），40m、80m空间分辨率的红外多光谱相机（IRS），20m 空间分辨率的多光谱相机（MUX）和 73m 空间分辨率的宽视场成像仪（WFI）（表 2-8）。

表 2-8　资源一号卫星 04 星主要参数

载荷	波段号	波段/μm	空间分辨率/m	幅宽/km	重访周期/d
全色多光谱相机	1	0.51～0.85	5	60	3
	2	0.52～0.59			
	3	0.63～0.69	10		
	4	0.77～0.89			
多光谱相机	5	0.45～0.52	20	120	26
	6	0.52～0.59			
	7	0.63～0.69			
	8	0.77～0.89			
红外多光谱相机	9	0.50～0.90	40	120	26
	10	1.55～1.75			
	11	2.08～2.35			
	12	10.4～12.5	80		
宽视场成像仪	13	0.45～0.52	73	866	3
	14	0.52～0.59			
	15	0.63～0.69			
	16	0.77～0.89			

2.2.8　高分系列卫星影像

高分系列卫星是"高分辨率对地观测系统专项"（简称"高分专项"）发射的系列对地观测卫星。"高分专项"是《国家中长期科学和技术发展规划纲要（2006—2020 年）》确定的 16 个重大科技专项之一，于 2010 年批准启动实施。"高分专项"共包含 7 颗民用卫星，即 GF-1～GF-7。目前，GF-1、GF-2、GF-3、GF-4 已发射。其中，GF-1 发射于 2013 年 4 月 26 日，搭载了两台 2m 全色分辨率/8m 分辨率多光谱相机，4 台 16m 分辨率多光谱相机。卫星工程突破了高空间分辨率、多光谱与高时间分辨率结合的光学遥感技术，多载荷图像拼接融合技术，高精度高稳定度姿态控制技术，5～8 年寿命高可靠卫星技术，高分辨率数据处理与应用等关键技术，对于推动我国卫星工程水平的提升和高分辨率数据自给率的提高具有重大战略意义。GF-1 卫星由于其高空间分辨率、多光谱、大幅宽、高时间分辨率等的综合优势，目前已经成为我国农业遥感监测的主要卫星资源之一。表 2-9 为 GF-1 卫星的主要参数情况。

表 2-9 GF-1 卫星有效载荷主要参数

载荷	波段号	波段/μm	空间分辨率/m	幅宽/km	重访周期/d
全色多光谱相机	1	0.45~0.90	2	60（2台相机组合）	4
	2	0.45~0.52	8		
	3	0.52~0.59			
	4	0.63~0.69			
	5	0.77~0.89			
多光谱相机	6	0.45~0.52	16	800（4台相机组合）	2
	7	0.52~0.59			
	8	0.63~0.69			
	9	0.77~0.89			

2.2.9 Google Earth 影像

Google Earth 是谷歌公司开发的虚拟地球仪软件，其将卫星照片、航拍像片及其他 GIS 信息部署在一个地球的三维模型上，用户可以免费浏览全球各地的高清晰度卫星图片。Google Earth 拥有丰富的高分辨率卫星影像，其最高分辨率可以达到亚米级，且数据更新较快，在地图导航、专业应用等领域作用不断提高。Google Earth 自身是一个影像电子地图类型，所展示的是影像地图切片。其原始影像来源包括 Landsat 影像/ETM+、SPOT 影像、IKONOS 影像、QuickBird 影像、GeoEye 影像，同时还有不少极高分辨率航拍影像。Google Earth 上的卫星影像只提供免费浏览，并不提供下载功能，但是可以使用截图等方式进行保存，并经过地理坐标校正及拼接，得到高分辨率的拼接影像。Google Earth 以高分辨率、免费、现势性高、获取简单的优势，在农作物识别中可以用于样方地物的提取分类识别、辅助解译判读，具有重要的作用。

2.2.10 无人机影像

无人机（unmanned aerial vehicle，UAV）是近年来快速发展的一种无人驾驶航飞载体，可以通过远程遥控或事先设定航线的方式，进行航拍作业，获取遥感影像。无人机系统种类繁多、用途广、特点鲜明，其在尺寸、质量、航程、航时、飞行高度、飞行速度、任务等多方面都有较大差异。无人机类型多样，可按照不同的分类方式划分类型。按飞行平台构型分类，无人机可分为固定翼无人机、旋翼无人机、无人飞艇、伞翼无人机、扑翼无人机等。按用途分类，无人机可分为军用无人机和民用无人机，军用无人机可分为侦察无人机、诱饵无人机、电子对抗无人机、通信中继无人机、无人战斗机及靶机等；民用无人机可分为巡查/监视无人机、农用无人机、气象无人机、勘探无人机和测绘无人机等。

无人机一般航高较低，因此分辨率很高，可以达到厘米甚至毫米级，在地物分辨能力上较强，但是这也造成其拍摄范围较小，难以应用于大范围区域监测。在农业遥感领域，无人机可以应用到高精度地面作物分类、样方获取、作物长势监测、作物灾害监测、农田地块管理等多个方面，弥补卫星遥感分辨率相对较低等不足。

2.3 农作物分类辅助数据

2.3.1 基础地理信息数据

基础地理信息主要是指通用性强、共享需求大、几乎为所有与地理信息有关的行业采用作为统一的空间定位和进行空间分析的基础地理单元，主要由自然地理信息中的地貌、水系、植被，以及社会地理信息中的居民地、交通、境界、特殊地物、地名等要素构成，另外，还有用于地理信息定位的地理坐标系网格，并且其具体内容也与所采用的地图比例尺有关，随着比例尺的增大，基础地理信息的覆盖面应更加广泛。

利用基础地理信息数据中的地形图等资料，可以辅助进行遥感影像地物类型判读，提高判读解译精度；基础地理信息数据中的行政区划数据可以提供研究区的精确范围；基础地理信息数据中的数字高程模型（DEM）数据可以用于农业遥感耕地作物判读解译，如耕地地块一般情况下坡度较缓、海拔较低；另外，基础地理信息数据还可以为遥感影像提供参考地理基准，用于遥感影像的精确配准校正。

2.3.2 统计年鉴资料

统计年鉴指的是国家、地方、部门等对年度时间范围内，该地区或该部门的主要社会、经济、人文、自然等各项统计指标的汇总，并将其按照书籍、光盘或网络共享等载体形式公开发行的权威性信息资料。统计年鉴既有国家层面又有地方层面；既有综合性的又有面向某一特定部门或行业的。国家统计局每一年度都编印出版《中国统计年鉴》，全面反映我国经济和社会发展情况，包括全国尺度农业的产值、产量、耕地面积及主要作物的统计信息；地方统计局一般情况下也会按年出版当地统计资料，收罗公布各项统计信息；另外还有《中国农村统计年鉴》，编者是国家统计局农村社会经济调查司。

收集农业遥感监测区域内的统计年鉴，可以使遥感影像分析人员充分了解区域的农业种植面积、作物产量、作物大致分布情况等信息，从而为影像分类提供必要的专家知识，也可以对分类识别后的结果进行精度对比验证。

2.3.3 地面实测数据

地面实测数据指的是作业人员或使用仪器，在研究区实地获取的与农业相关的各类数据，包括农田地块精确地理位置、矢量边界、作物类型、作物长势、作物产量、作物照片、作物光谱信息、作物 NDVI、叶面积指数（LAI）、土壤墒情、作物受灾情况等。地面实测数据一般是遥感影像解译外业调查所获取的信息，丰富详细的地面实测资料数据，能为遥感影像解译提供充足可靠的地面样本信息，为遥感影像作物分类结果提供精度验证资料，为农业遥感监测作物生理参数反演提供必要的实测拟合或对比数据。

为了便于进行地面试验，中国农业科学院在河北省廊坊市广阳区万庄镇建设了廊坊农业遥感地面试验站（图 2-1）。中国农业科学院（万庄）农业高新技术产业园创建于 2002 年，占地 2000 亩，由中国农业科学院与廊坊市广阳区合作共建，主要目标是引进、消化、吸收国内外农业高新技术、产品，构建我国农业高新技术创新与展示平台，是从事农业科研创新、成果转化和科技服务的现代农业科技园。中国农业科学院所属的多个研究所在园区内开展了不同观测试验，作物类型

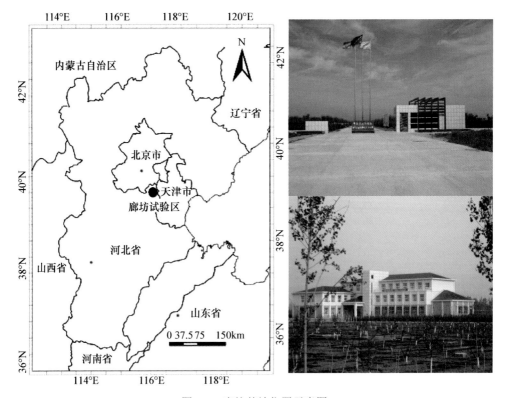

图 2-1　廊坊基地位置示意图

有冬小麦、春玉米、夏玉米、水稻、大豆、花生、马铃薯、棉花、苜蓿和蔬菜 10 余种，面积在 1~50 亩，一般都进行定点、定期的作物栽培、管理等参数的观测与记录，具有优越的遥感观测条件。

廊坊农业遥感地面试验站利用自有的各种用于作物参数观测的仪器设备和气象站仪器在占地 80 亩的观测区长期进行定点、定时的作物物理参数、生理参数测量，以及作物光谱参数测量的地面实验和实时的气象数据接收。

廊坊农业遥感地面试验站地面观测内容包括以下几方面。

（1）作物田间管理参数：包括播种、中耕、除草、施肥、打药、浇水等 6 项，作物发育期内每 5d 观测 1 次。

（2）作物物理参数：包括作物发育期、高度、密度、生物量、产量、长势、盖度数据、采集时间、采集量等（图 2-2）。

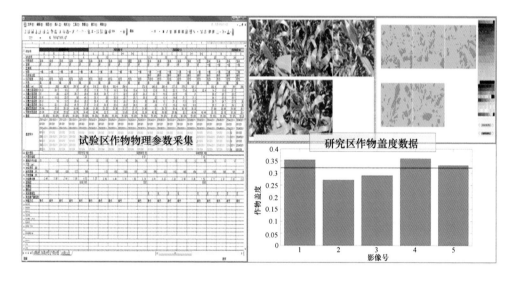

图 2-2　廊坊农业遥感地面试验站地面实验物理参数采集

（3）作物生理参数：由 SUNSCAN 冠层分析仪、LAI2200、ACCUPAR、SPAD502 叶绿素仪、光量子仪、L1-6400XT 等仪器测得叶面积指数、叶绿素含量等（图 2-3）。

（4）作物光谱参数：光谱数据由 ASD FR 光谱仪、ASD HH 光谱仪、UNISPEC 光谱仪测得（图 2-4）。

（5）远程图像系统：针对农业决策部门对实时作物长势信息获取的需要，采用 500Mb 网络照相机远程监控，并通过 3G 网络自动上传图像（图 2-5），可用于远程监测植物生长情况。对采集的照片进行图像分析处理，可以获得一些重要的光谱信息。实现了作物长势、农田土壤水分、土壤温度、空气温度、空气湿度、生产潜力等参数的实时监控，弥补了人工监测实时性差、数据不全面的不足，为

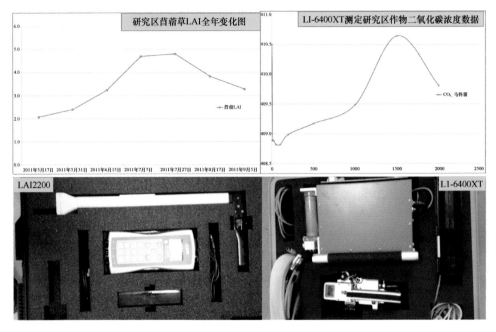

图 2-3 廊坊农业遥感地面试验站地面实验生理参数采集

区域性网络监控体系的形成奠定了技术基础，也为农作物长势与产量的精度验证提供了数据基础。

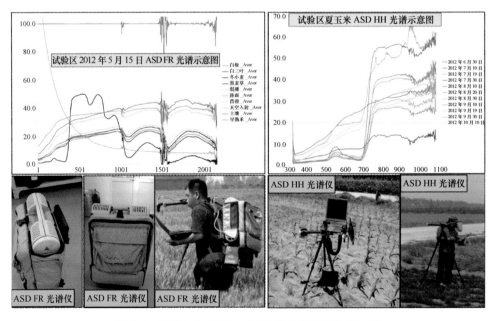

图 2-4 廊坊农业遥感地面试验站地面光谱数据采集

图 2-5　远程图像系统

（6）廊坊农业遥感地面试验站无人机飞行设备：廊坊农业遥感地面试验站具有单兵、自由鸟等无人机机型（图 2-6），以及进行执飞的专业人员。

图 2-6　无人机飞行设备及数据

第 3 章　基于高分数据的农作物面积遥感监测总体技术路线

基于高分影像的全国主要农作物面积业务化提取技术流程主要包括数据获取及预处理、地面样方获取、农作物分类、全国尺度农作物识别及面积提取等，其总体技术流程如图 3-1 所示。

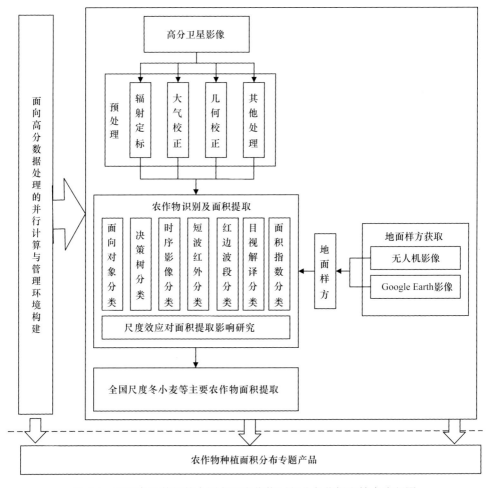

图 3-1　基于高分数据的全国主要农作物面积业务化提取技术流程图

大气校正技术主要研究基于 6S 大气辐射传输模型（以下简称 6S 模型）的高

分卫星影像大气校正技术，利用 6S 大气辐射传输模型，通过高分卫星影像自带的元数据信息，设置卫星观测参数、太阳观测参数、气溶胶参数、波谱响应函数等，消除大气影响，获取高分影像地表反射率数据，并实现批量化业务化运行，为高分卫星影像的后续应用提供充足的数据基础。

几何校正技术主要研究基于 RPC（rational polynomial coefficient）参数的高分卫星影像区域网平差技术，该技术利用高分卫星原始 RPC 参数，结合地面高程模型，通过选取控制点或连接点的方式，构建误差方程，实现 RPC 参数区域网平差，校正原始 RPC 参数存在的系统性误差，获取高几何精度的高分正射影像，为高分数据的业务化应用提供高质量的原始数据。

面向对象分类技术则依据超高分辨率遥感影像数据，在分类过程中根据对象的纹理、光谱等特征信息及地物与地物间的关系建立分类层次结构，通过多尺度分割、特征参数的选择、分类规则集的构建等进行高分辨率影像面向对象分类，减少传统基于像素分类方法的"椒盐效应"。

决策树分类方法主要基于时序影像，通过专家经验知识或使用随机森林树等自动决策树构建方法，通过作物不同物候期的光谱特征及归一化植被指数（NDVI）特征，构建相应的分类决策，从而实现遥感影像的分类。

时序影像分类即多时相遥感影像分类方法，通过分析监测作物的生长特点，选取覆盖其关键物候期的多景高分遥感影像，并计算对应的 NDVI 值，融合成一个 NDVI 波谱曲线，依靠不同地物具有不同的 NDVI 光谱特征的特点进行作物的分类提取工作。

短波红外及红边波段作物分类方法则通过与传统可见光及近红外分类不同的特征波段选取的方式，研究不同作物在这些特征波段的可分性，探讨特殊波段的设置对于提高作物面积提取精度提高的辅助作用。

尺度效应则通过比较不同分辨率尺度的卫星遥感影像，包括 Google Earth、16m 分辨率的 GF-1 WFV、30m 的 Landsat 8 OLI 和 250m 的 EOS/MODIS 数据，采用目视解译的方法，比较了 0.3m、2m、5m、10m、15m、30m、100m 和 250m 空间分辨率数据提取农作物面积的精度，分析了不同空间分辨率像元尺度下农作物面积识别精度，以及不同农田破碎度条件下农作物面积识别精度的尺度变化规律，并分析了尺度变化过程中农作物反射率的变化规律，为作物面积提取工作中卫星影像分辨率的设置选取提供理论依据。

基于面积指数的作物分类识别及面积提取技术，通过计算时序影像的 NDVI 值，并利用规则设置的样本点库，通过计算识别作物 NDVI 与其他地类 NDVI 的大小，评价作物生长优势期和劣势期，通过赋予不同权值的方式扩大两者差异，并通过样本点自适应方式获取合适的分割阈值，从而根据面积指数及分割阈值自动提取作物类别，实现作物面积监测。该方法具有很强的适应性、稳定性，人工干预少，将全国冬小麦种植区按照 1∶10 万图幅框划分，通过分区块的方式应用面积指数方法提取冬小麦种植面积，并通过合成即可获取全国冬小麦种植面积。

地面样方的选取包括基于无人机航拍影像的地面样方选取和作物分类技术，以及基于 Google Earth 影像的高精度样方获取技术，通过研究无人机影像地面控制点布设及测量、光束法区域网平差、DOM/DEM/DLG 产品制作，获取地面样方的精确地理坐标、形状，并利用监督分类和面向对象分类技术对样方作物进行分类提取。Google Earth 影像则主要利用该影像的高空间分辨率特性，通过目视解译的方式获取样方边界，同时结合地面实地 GPS 差分测量，获取地块准确边界，并利用其他辅助数据进行地块内作物分类，最后利用地面实地考察资料评价其精确性及实用性。

面向高分数据处理的并行计算及管理环境构建则是中国农业科学院农业资源与农业区划研究所在建设"高分农业遥感监测与评价示范应用系统"时，根据业务需求和建设内容，搭建了面向高分数据处理的并行环境，研发了高分辨率遥感数据农业数据库管理系统和任务管理系统，形成了数据管理、调度的流程，极大地提高了海量高分数据的处理能力。

第 4 章　农作物面积遥感监测影像预处理技术研究

4.1　引　　言

农作物识别及面积提取使用的遥感数据源多种多样，对于数据的预处理也各有不同。但是，一般而言，卫星影像进行应用之前的预处理都包含大气校正和几何校正这两个步骤。大气校正用于去除大气气体对日-地及地-星辐射的影响，校正辐射畸变，将卫星原始影像的灰度值（digital number，DN）转换为具有明确物理含义的卫星入瞳处辐射亮度值，再根据太阳入射能量，考虑大气的吸收、散射、反射等影响，计算地面反射率值。大气校正将影像的灰度值转换为具有实际意义的地面反射率值，是进行定量遥感的基础，也是卫星影像作物识别的关键步骤之一。几何校正则是对影像赋予精确地理坐标的一个过程。常用的几何校正方法主要是几何配准，即将待校正影像与参考影像建立控制点关系，通过几何多项式的方式，将待校正影像纠正到与参考影像一致的几何位置上。另外，当前多数卫星的地理坐标信息是使用有理函数模型的方式进行存储的，该模型是一种通用的地理坐标模型，与传感器无关，可以屏蔽掉卫星的精确轨道位置、姿态等，在提供准确定位信息的基础上保证卫星轨道姿态信息的保密。但是该模型一般情况下存在一定的系统误差，因此需要使用地面控制点或连接点的方式，结合 DEM 数据，消除系统误差，实现几何位置的自动快速校正。对于农业遥感而言，其对遥感影像的绝对精度要求较低，但是对相对位置精度要求很高，如在多时相时序影像作物分类中，就要求影像的几何校正精度达到亚像元级别。

本章主要针对当前农业遥感监测常用卫星数据源——高分一号数据，研究了 GF-1 影像的大气校正及几何校正技术方法，实现国产 GF-1 影像的地表反射率产品和几何精校正产品的业务化生产工作，从而满足农业遥感监测作物精确识别及面积提取对于海量遥感数据产品的需求。大气校正使用 6S 大气辐射传输模型，该模型基于严格的大气辐射传输模式，具有明确的物理意义、较高的精度、较快的校正速度；几何校正则使用基于 RPC 参数的区域网平差方式，通过获取连接点及地面控制点，使用 DEM 作为约束条件，校正 GF-1 影像自带 RPC 参数的系统误差，实现几何精校正。

4.2 基于 6S 大气辐射传输模型的 GF-1 影像快速大气校正

4.2.1 研究背景

遥感技术具有时效性、客观性和可视性特点，逐步与传统的统计调查相融合，在农业遥感监测业务中发挥着越来越重要的作用。随着国内外卫星遥感影像资源越来越丰富，农业遥感监测对遥感数据的定量化自动预处理与分析的需求也日益增强，定量遥感逐渐成为遥感发展的主要方向（李小文和王祎婷，2013；黄祎琳，2013）。大气对太阳辐射和地面反射的散射与吸收，使原始卫星影像存在失真情况，造成影像清晰度和对比度下降，反射率、辐射亮度等相关物理量出现偏差，必须进行大气校正以还原目标物的真实反射率。大气校正是卫星遥感定量化应用的前提与基础（武永利等，2011a；何海舰，2006；徐萌等，2006；Moike，1987）。常用的大气校正方法主要有基于辐射传输模型、基于图像统计特征两大类方法（杨华等，2002）。

基于 MODTRAN、6S、ATCOR 等模型进行大气校正是最为常用的辐射传输模型校正方法，部分模型已经形成了商业化的软件模块，如 ENVI 软件的 FLAASH（fast line-of-sight atmospheric analysis of spectral hypercube）模块就是基于 MODTRAN 模型开发的。国内外学者研究分析了各模型的大气校正效果，比较了不同方法的区域适用性。Xu 等（2007）利用 6S 模型对 Landsat 影像、郑盛等（2011）利用 MODTRAN 4 模型对 HJ-1 CCD 影像、Peng 等（2007）利用 6S 模型对 CBERS-2 CCD 影像、刘伟刚等（2013）基于 FLAASH 工具对 FY-3A/MERSI 数据的大气校正研究等表明，大气校正能够不同程度地改善影像的地物识别能力。Eugenio 等（2012）分别利用 COST、6S 模型对西班牙加那利群岛地区的 WorldView-2 影像进行大气校正并与表观反射率对比，得出 6S 模型大气校正结果更加适合监测海岸混浊环境的结论；范渭亮等（2010）利用 FLAASH、6S 等方法比较了 TM 影像大气校正效果；Lu 等（2002）比较了 6S、DOS 等模型对亚马孙盆地区域的 TM 影像大气校正效果；Tan 等（2012）利用相对辐射归一化方法和大气辐射校正简化算法比较了 1991～2002 年马来西亚槟榔屿区域 TM 影像的大气校正效果等，均给出了各区域最为适合的辐射传输模型。

基于图像统计特征进行大气校正的主要方法有黑暗像元法（dark object subtraction，DOS）、直方图匹配法、不变目标法等，由于算法简单，计算量小，这类方法得到广泛的应用。何颖清等（2010）利用黑暗像元法对复杂地形下的 TM 影像进行了大气校正，郭红等（2014）利用黑暗像元法对国产 ZY-3 CCD 相机数据进行了大气校正，Vaudour 等（2014）利用逐像元经验线性回归方法对 SPOT 和 RapidEye 卫星影像的作物区域进行了大气校正，Cui 等（2014）利用 4

种黑暗像元法对中国江苏沿海区域进行了大气校正研究。Gong 等（2008）基于气象和 MODIS 数据大气校正方法对太湖区域 Landsat 影像进行交叉定标的效果比 DOS 和 6S 大气校正的效果好；Hadjimitsis 和 Themistodeous（2009）通过标准校正地物和地面测量等方法对黑暗像元法、协方差矩阵、多时相归一化、"基于准不变地物的经验线性回归校正"4 类方法的校正效果进行了评估,结果表明,对 ASTER 各波段校正效果最好的是"基于准不变地物的经验线性回归校正"法,其次为黑暗像元法。

随着大气校正研究和应用的不断深入,商用软件中大气校正模块应用越来越广泛,常用的有 ENVI/FLAASH 和 ERDAS/ACTOR 模块,其大气校正的精度在实际应用中得到了检验。但不足的是,这些模块参数设置烦琐,且只能逐景影像进行校正,增加了人工处理量,影响了影像预处理的时效性,成为农业遥感监测业务运行的瓶颈（王永锋和靖娟利,2014；郝建亭等,2008；王建和潘竟虎,2002）。为了满足大气校正业务化运行的需求,同时也针对近年来不断发射升空的新型卫星影像处理要求,越来越多的研究者开展了基于成熟大气校正模型的卫星影像大气校正应用系统的自主研发。顾行发等（2008）、王中挺等（2006）基于 MODTRAN 模型模拟了大气状况,根据 CBERS 卫星图像的不同情况确定了不同的大气校正参数,利用查找表进行了 CBERS-02 卫星的大气校正,并编写了批量化处理 CBERS 卫星数据的软件系统,促进该卫星数据的广泛应用。吴岩真等（2015）以 6S 大气校正模型为基础,针对国产 HJ-1 卫星影像,提出基于 BRDF 的地形与大气校正反演算法,并对该算法进行了程序实现,实现了复杂地形下 HJ 影像的大气校正功能。

高分一号（GF-1）卫星是我国"高分辨率对地观测系统专项"的首发星,于 2013 年 4 月在酒泉卫星发射中心成功发射,具备 2m 全色和 8m/16m 多光谱影像拍摄能力,每月可以形成 1000 景以上的有效数据。为保证这些数据在农业遥感中的定量应用,下文在以往大气校正研究的基础上,针对 GF-1 卫星数据特点,研制了基于 6S 模型的大气校正算法,采用 FORTRAN 和 IDL（interactive date language）语言进行了软件开发,实现了 GF-1 卫星 1 级影像大气校正批处理,提高了农业遥感业务工作中数据预处理效率。

4.2.2　6S 模型大气校正概述

6S 模型是美国马里兰大学地理系 Vermote E 在法国大气光学实验室 Tanre D 等的 5S（simulation of the satellite signal in the solar spectrum）模型基础上发展起来的。在没有大气存在时,卫星传感器接收到的辐射亮度,只与太阳辐射到地面的辐射照度和地面反射率有关。但由于大气的存在,电磁辐射在太阳-目标物-传感器系统的传输过程中受到大气分子、水汽、气溶胶和尘粒等吸收、散射和折射等的影响，原始信号的强度被减弱，同时大气的散射光也有一部分直接或经过地物反射进入传感器，增强了原始信号，这些都对真实的地表反射率造成了影响。6S 模型模拟了地气系统中太阳辐射的传输过程，采用最新近似和逐次散射 SOS 算法来计算散射和吸收，消除大气的影响，得到卫星传感器入瞳处的辐射亮度。模型受研究区域特点和目标类型等的影响较小，与 LOWTRAN 和 MODTRAN 模型相比，具有较高的精度，更接近实际情况（郑伟和曾志远，2004）。

假设陆地表面为均匀的朗伯体，在大气垂直均匀变化的条件下，基于 6S 模型的卫星传感器所接收的大气表观反射率可表示为

$$\rho = \pi L / F_0 \mu_0 \tag{4-1}$$

式中，ρ 为大气表观反射率；L 为大气上界观测到的辐射，它是整层大气光学厚度、太阳和卫星几何参数的函数；F_0 为大气上界太阳辐射通量密度；μ_0 为太阳天顶角的余弦。传感器接收到的表观反射率 ρ 是大气路径反射、散射与吸收的函数，可以表示为

$$\rho(\theta_s, \theta_v, \phi_s, \phi_v) = T_g(\theta_s, \theta_v)\left[\rho_{r+a} + T(\theta_s)T(\theta_v)\frac{\rho_s}{1 - S \times \rho_s}\right] \tag{4-2}$$

式中，θ_s 为太阳天顶角；θ_v 为观测天顶角；ϕ_s 为太阳方位角；ϕ_v 为观测方位角；ρ_{r+a} 为由分子散射加气溶胶散射所构成的路径辐射反射率；$T_g(\theta_s, \theta_v)$ 为大气吸收所构成的反射率；$T(\theta_s)$ 代表太阳到地面的散射透过率；$T(\theta_v)$ 为地面到传感器的散射透过率；S 为大气球面反照率；ρ_s 为地面目标反射率。

4.2.3 试验数据获取

分别在春、夏、秋、冬 4 个季节中选择 1 景 GF-1 卫星 WFV 影像进行大气校正效果分析。4 景影像的文件名称、获取时间、传感器名称及分布区域如表 4-1 和图 4-1 所示。

表 4-1　4 个时相的 GF-1 卫星 WFV 影像信息

序号	影像传感器与轨道号	获取时间（年-月-日）
1	GF1_WFV4_E116.3_N40.1_20140403_L1A0000195971	2014-04-03
2	GF1_WFV4_E117.0_N40.1_20140628_L1A0000262121	2014-06-28
3	GF1_WFV4_E116.4_N40.2_20141102_L1A0000427926	2014-11-02
4	GF1_WFV4_E117.0_N40.1_20150119_L1A0000599016	2015-01-19

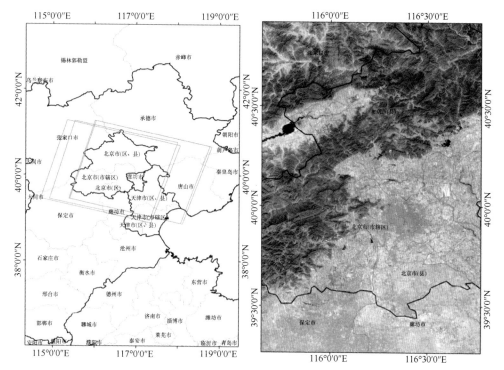

图 4-1　GF-1 卫星 WFV 影像 4 个时相的覆盖范围及 2014 年 4 月 3 日影像示例

4.2.4　基于 6S 模型的 GF-1 卫星影像大气校正

1. 基本原理

采用 6S 模型进行大气校正需要获得大气影响因子参数,再根据模拟参数计算每幅影像的地表反射率。模型在输入 GF-1 卫星对应传感器波段的光谱响应函数、通过大气模式表达的大气状况参数后,输出的是将表观辐亮度转换为地表反射率的相关参数;根据转换参数将 GF-1 卫星影像的辐射亮度转换为地表反射率,此时模型的输入为需要进行大气校正的 GF-1 表观反射率(或者辐射亮度)影像,输出的是地表反射率影像。计算公式如下。

$$\rho_s = y/(1 + xc \times y) \tag{4-3}$$

$$y = xa \times L_\lambda - xb \tag{4-4}$$

式中, ρ_s 为地表反射率; L_λ 为辐射亮度; xa、xb、xc 为 6S 模型计算得到的将表观辐亮度值转换为地表反射率的转换参数。

图 4-2 给出了基于 6S 模型的 GF-1 卫星影像大气校正技术方案,主要由辐射定标、大气校正模型参数设置、大气校正 3 个部分构成。辐射定标是将原始的 GF-1

卫星 1 级影像的 *DN* 转化为辐射亮度，结合大气顶层辐射亮度计算表观反射率，这两个参数之一可以作为大气校正程序的输入量。运行参数设置包括两类：一是卫星影像自身参数的输入，包括卫星观测几何（卫星天顶角、方位角、传感器高度）、太阳观测几何（太阳天顶角、方位角）、地面高程等，可以从影像的元数据中获取，波谱响应函数则可从传感器公开资料中获取；二是大气模式参数，包括大气模式、气溶胶模式、能见度、太阳光谱函数等，系统可根据数据情况给出默认值，也可按照实际情况进行调整。

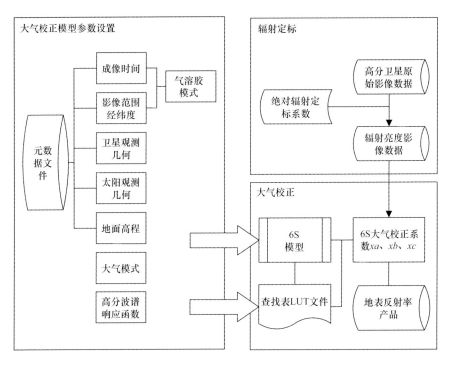

图 4-2　基于 6S 模型的 GF-1 影像大气校正技术路线

2. GF-1 影像辐射定标

GF-1 卫星搭载了 2 台 8m 分辨率多光谱相机（PMS1 和 PMS2）和 4 台 16m 分辨率多光谱相机（WFV1～WFV4）。PMS 幅宽 40km，覆盖周期为 41d；WFV 幅宽 200km，重访周期为 4d。设置了蓝（0.45～0.52μm）、绿（0.52～0.59μm）、红（0.63～0.69μm）和近红外（0.77～0.89μm）4 个波段。

在进行表观反射率及地表反射率计算前，需要将 GF-1 卫星 1 级产品进行辐射定标，根据各波段辐射定标系数将 *DN* 转换为表观辐亮度，即传感器入瞳处接受的入射辐射能量值。GF-1 卫星影像各波段 2014 年最新绝对辐射定标系数如表 4-2 所示。*DN* 转换为辐亮度的公式如下：

$$L_\lambda = Gain \cdot DN \tag{4-5}$$

式中，L_λ 为转换后辐亮度，单位为 $W/(m^2 \cdot sr \cdot \mu m)$；$DN$ 为卫星载荷观测值，无量纲；$Gain$ 为定标斜率，单位为 $W/(m^2 \cdot sr \cdot \mu m)$。

表 4-2　GF-1 卫星各载荷绝对定标系数（2014 年）

卫星载荷	第 1 波段	第 2 波段	第 3 波段	第 4 波段
PMS1	0.2247	0.1892	0.1889	0.1939
PMS2	0.2419	0.2047	0.2009	0.2058
WFV1	0.2004	0.1648	0.1243	0.1563
WFV2	0.1733	0.1383	0.1122	0.1391
WFV3	0.1745	0.1514	0.1257	0.1462
WFV4	0.1713	0.1600	0.1497	0.1435

3. GF-1 影像表观反射率计算

表观反射率即卫星传感器接收的光谱辐亮度与大气顶层太阳辐亮度的比值，也称大气顶层反射率（罗江燕等，2008）。表观反射率的计算公式如下：

$$\rho_{TOA} = \frac{\pi L_\lambda d^2}{ESUN_\lambda \cos\theta_s} \tag{4-6}$$

式中，ρ_{TOA} 为表观反射率；L_λ 为表观辐亮度值；d 为日地距离，值在 1 左右，随日期而变；θ_s 为太阳天顶角；$ESUN_\lambda$ 为波段平均太阳辐射值，表示大气顶层卫星传感器某一波段获得的平均太阳辐射值，目前尚无 GF-1 卫星各传感器 $ESUN_\lambda$ 值的公开资料。为进行高分卫星影像表观反射率计算，需要根据卫星各传感器的光谱响应函数和对应区间的太阳光谱函数来计算 $ESUN_\lambda$，计算公式如下：

$$ESUN_\lambda = \frac{\int_{\lambda_1}^{\lambda_2} E(\lambda)S(\lambda)\mathrm{d}\lambda}{\int_{\lambda_1}^{\lambda_2} S(\lambda)\mathrm{d}\lambda} \tag{4-7}$$

式中，λ_1 和 λ_2 为传感器某一波段起始波长和终止波长；$E(\lambda)$ 为大气层外太阳光谱辐射能量，该值需要由太阳光谱函数计算获取，此处采用 WRC（World Radiation Center）提供的太阳光谱函数曲线（图 4-3）；$S(\lambda)$ 为卫星传感器某一波段的光谱响应函数，可从中国资源卫星应用中心网站获取。

利用中国资源卫星应用中心提供的 GF-1 卫星各传感器光谱响应函数及 WRC 太阳光谱函数值，经计算得到各波段平均太阳辐射值 $ESUN_\lambda$，结果如表 4-3 所示，单位为 $W/(m^2 \cdot sr \cdot \mu m)$。参照表 4-3 中各波段平均太阳辐射值，即可计算 GF-1 卫星影像的表观反射率。

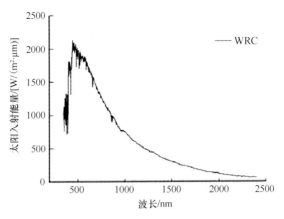

图 4-3 WRC 太阳光谱函数曲线

表 4-3 GF-1 卫星各传感器波段平均太阳辐射值

卫星载荷	第 1 波段	第 2 波段	第 3 波段	第 4 波段
PMS1	1945.2852	1854.1043	1542.9041	1080.7683
PMS2	1945.6318	1853.8337	1543.8985	1081.8932
WFV1	1968.6019	1848.3743	1571.0959	1078.9806
WFV2	1955.0598	1846.6695	1568.9986	1087.8385
WFV3	1956.5619	1840.0654	1541.0170	1084.0408
WFV4	1968.0489	1840.8447	1540.3629	1069.5773

4. 模型参数设置

模型参数需要确定包括卫星观测几何、太阳观测几何、大气模式、气溶胶模式、气溶胶厚度、地面高度、卫星波谱响应函数等参数。其中，卫星观测几何、太阳观测几何、地面高度等参数可从 GF-1 影像对应的元数据文件中获取；大气模式则根据影像的成像时间及纬度确定，如表 4-4 所示，包括热带（tropical，T）、中纬度夏季（midlatitude summer，MLS）、中纬度冬季（midlatitude winter，MLW）、近极地冬季（subarctic winter，SAW）、近极地夏季（subarctic summer，SAS）等几种大气模式；气溶胶模式包括大陆型气溶胶模式、海洋型气溶胶模式、都市型气溶胶模式、沙漠型气溶胶模式、生物燃烟型气溶胶模式等，依据经验，默认为大陆型，对于特殊地区如典型沙漠、海洋等地区则选择相应气溶胶模式。气溶胶厚度使用能见度模式，默认为 40km，如有实测资料，也可使用 550nm 处的气溶胶厚度值来代替。由于 6S 模型自身并未附带 GF-1 卫星的光谱响应函数，因此，需要将高分卫星光谱响应函数重采样为分辨率为 2.5nm 的光谱响应曲线，输入 6S 模型中。

表 4-4　大气模式选择表

北纬	1 月	3 月	5 月	7 月	9 月	11 月
80°	SAW	SAW	SAW	MLW	MLW	SAW
70°	SAW	SAW	MLW	MLW	MLW	SAW
60°	MLW	MLW	MLW	SAS	SAS	MLW
50°	MLW	MLW	SAS	SAS	SAS	SAS
40°	SAS	SAS	SAS	MLS	MLS	SAS
30°	MLS	MLS	MLS	T	T	MLS
20°	T	T	T	T	T	T
10°	T	T	T	T	T	T
0°	T	T	T	T	T	T

5. 算法实现

基于 6S 模型的 GF-1 卫星影像大气校正算法,使用 IDL(interactive data language)语言编写软件主体框架,实现辐射定标、大气参数设置、地表反射率计算等步骤,并可进行批量处理。模型中大气校正参数反演功能则通过使用 FORTRAN 语言编程实现,对 6S 原始模型添加 GF-1 卫星支持,并编译为可执行文件,供主程序调用。程序的输入为 GF-1 卫星原始影像及其元数据,用户只需确定各影像的能见度(用于确定气溶胶厚度)及气溶胶模式,而无需其他额外操作和数据辅助,即可进行地表反射率的批处理计算。

GF-1 卫星每月均可提供 2000 景以上数据。传统商业软件虽然处理流程成熟,但每幅影像都要严格按照操作流程手工操作,需专人值守数天时间对影像逐景处理,容易产生人为疏忽,费时费力。使用大气校正批处理软件,只需一次性输入全部待校正影像,并确认所有输入参数正确,就可由系统自动运行,有效节约了人工操作时间,提高了处理效率。

4.2.5　结果与分析

1. 与 ENVI/FLASSSH 模块结果比较

对4景影像同时采用本节6S模型和ENVI/FLAASH模块进行大气校正,通过比较校正后各波段地表反射率的差异来定量分析6S模型大气校正的质量。两种模型的输入参数相同,校正后分别将6S大气校正各波段地表反射率与同时相FLAASH地表反射率进行相减处理。通过人工目视方式对作物、城镇、水体和道路4种地物类型分别选取10个10×10像元的区域,按类型计算各波段差值的平均值。表4-5分别给出了4景影像不同区域各波段地表反射率的差值,表中数据放大了10 000倍;表4-6是平均差异的百分比。

表 4-5　6S 与 FLAASH 校正地表反射率差值结果分析

时相	范围	第 1 波段	第 2 波段	第 3 波段	第 4 波段	平均
春季	整幅影像	114	34	35	47	57.46
	作物	156	76	67	74	93.25
	城镇	102	36	37	70	61.25
	水体	152	75	86	94	101.75
	道路	113	44	48	72	69.25
夏季	整幅影像	47	−6	−4	−8	7.56
	作物	126	62	71	−9	62.5
	城镇	−42	−56	−60	71	−21.75
	水体	30	−16	16	106	34.00
	道路	−12	−60	−58	33	−24.25
秋季	整幅影像	85	−9	2	1	19.63
	作物	135	38	48	13	58.50
	城镇	1	−89	−54	22	−30.00
	水体	149	65	83	128	106.25
	道路	42	−34	−13	32	6.75
冬季	整幅影像	104	−13	−2	−3	21.32
	作物	173	48	57	31	77.25
	城镇	79	−43	−23	−5	2.00
	水体	90	−13	24	65	41.50
	道路	138	14	34	59	61.25
平均		87.71	1.33	7.71	9.20	26.49

表 4-6　6S 与 FLAASH 校正地表反射率平均差异结果分析（%）

时相	范围	第 1 波段	第 2 波段	第 3 波段	第 4 波段	平均
春季	整幅影像	14.7167	4.9463	4.2753	3.7977	6.5537
	作物	30.9524	18.5366	12.3389	6.2765	14.1502
	城镇	10.9677	4.3796	3.7910	5.6726	6.1837
	水体	30.8316	24.5902	81.1321	−470.0000	46.0407
	道路	12.5556	5.6701	5.5300	8.1264	8.0758
夏季	整幅影像	6.2275	0.7980	−0.4910	−0.3860	0.7121
	作物	40.9091	20.7358	52.5926	−0.3970	8.3112
	城镇	−3.5260	−5.2480	−5.0080	5.0642	−1.7910
	水体	3.3370	−1.8710	2.9250	22.5532	4.9080
	道路	−1.0020	−5.0340	−4.5850	2.2207	−1.8870

续表

时相	范围	第 1 波段	第 2 波段	第 3 波段	第 4 波段	平均
秋季	整幅影像	13.3556	−3.1120	0.4073	0.1078	3.3941
	作物	40.5405	190.0000	57.8313	1.1597	15.0289
	城镇	0.0896	−10.0680	−5.6250	2.1195	−3.0020
	水体	60.0806	−31.1000	−23.513	−0.19938	−44.4560
	道路	4.5259	−6.0180	−2.0310	4.9383	0.9709
冬季	整幅影像	10.8957	−2.690	−0.3480	−0.3470	2.9088
	作物	30.4042	30.9677	18.9369	4.1333	17.4085
	城镇	7.2411	−5.6500	−2.4310	−0.4560	0.2054
	水体	7.7187	−2.0160	4.4527	47.1014	6.6720
	道路	13.4766	2.2989	5.2632	13.2584	8.9941
平均		11.2112	0.2403	1.1892	0.7270	3.2606

　　两种大气校正方法 4 个时相各波段全年平均差异的百分比为 3.2606%，第 1 波段相差最大，为 11.2112%，其次是第 3 波段、第 4 波段、第 2 波段，分别为 1.1892%、0.7270% 和 0.2403%；差异百分比的最大值出现在春季，为 6.5537%，其次是秋季、冬季、夏季，分别为 3.3941%、2.9088% 和 0.7121%。从地物类型来分析，水体差异最大，最高为春季的 46.0407%，最低是夏季的 4.9080%，这主要是由于水体反射率的绝对值本身较低，一般为 2%～6%，因此反射率轻微的变化都会造成水体差异较大。从其他地物类型来看，作物类型相对差异最高，平均约为 13.72%，冬季最高为 17.4085%，秋季和春季分别为 15.0289% 和 14.1502%，夏季相对差异最低，为 8.3112%。城镇与道路相对差异平均均为 3.89%，最大值为 8.9941%，出现在冬季的道路类型；最小值为 0.2054%，出现在冬季的城镇类型。两种模型的大气校正结果总体上差异较小，说明 6S 模型具有应用较为广泛的商业软件的校正效果，在实际应用中可以采用。

　　2. 地表反射率季节变化分析

　　分别比较了 4 个时相的影像两种模型校正结果各波段的时间变化趋势，图 4-4 给出了作物类型 4 个波段反射率时间变化情况，其他地物类型图从略。由图 4-4 可见，作物覆盖区 4 个波段的地表反射率在季节变化上都表现出相同的变化趋势，数值处于常规作物反射率变化范围。6S 模型第 1 波段春、夏、秋、冬的变化是 660、434、468 和 742，第 2 波段是 486、361、58 和 203，第 3 波段是 610、206、131 和 358，第 4 波段是 1253、2257、1134 和 781。FLAASH 模型第 1 波段春、夏、秋、冬的变化是 504、308、333 和 569，第 2 波段是 410、299、20 和 155，第 3 波段是 543、135、83 和 301，第 4 波段是 1179、2266、1121 和 750。各波段地表反射率的整体校正情况并未有太大差异，经 6S 校正后各波段反射率普遍比 FLAASH 校正后略微偏高，第 1 波段差异较大，其余波段差异较小，这表明了 6S 大气校正程序处理不同时相高分数据具有较高的稳定性。

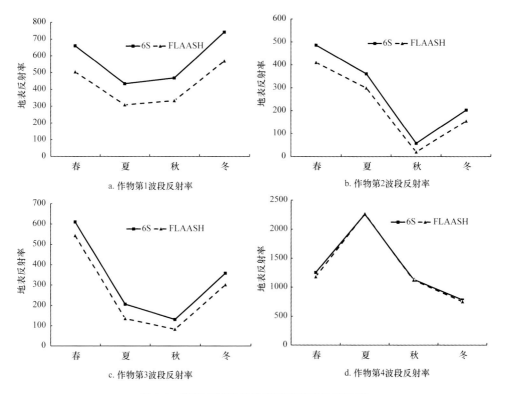

图 4-4　作物各波段反射率随季节差异变化图

3. 植被指数变化比较

植被指数是定量遥感中常用变量，广泛应用于多种遥感模型和以遥感信息为驱动变量的生态学模型中，一些研究表明，归一化植被指数（normalized difference vegetation index，NDVI）能检测大气校正的效果（李国砚等，2008；徐春燕和冯学智，2007）。分别使用两个模型校正的测试数据的地表反射率，计算归一化植被指数 $NDVI_{6S}$ 和 $NDVI_{FLAASH}$，并按不同的地表覆盖进行统计（表 4-7）。

由表 4-7 可见，$NDVI_{6S}$ 与 $NDVI_{FLAASH}$ 结果基本一致，相对偏差为-0.637%，绝对值差值均在 0.035 以内。对于农业遥感重点关注的作物覆盖区，相对差异的平均值为-8.457%，最大值出现在冬季，为-13.069%，其次是秋季和春季，分别为-8.031%和-6.551%，最小出现在夏季，为-6.177%。差异最大的仍然是城镇、道路和水体，这些 NDVI 值相对较小的地物类型，由于绝对值较小，细微变化会引起很大的差异，但不会对地物单元的识别与定量化分析产生严重影响。

表 4-7　两种大气校正模式下不同地物 NDVI 值比较

时相	地物类型	NDVI$_{6S}$	NDVI$_{FLAASH}$	NDVI$_{6S}$ − NDVI$_{FLAASH}$	NDVI 相对差异 /%
	整幅影像	0.1986	0.2008	−0.0022	−1.098
	作物	0.3451	0.3693	−0.0242	−6.551
春季	城镇	0.1256	0.1167	0.0089	7.582
	水体	−0.4436	−1.4651	1.0215	−69.722
	道路	0.0224	0.0103	0.0122	118.392
	整幅影像	0.4843	0.4839	0.0004	0.084
	作物	0.8327	0.8875	−0.0548	−6.177
夏季	城镇	0.1283	0.0785	0.0498	63.524
	水体	0.0114	−0.0757	0.08713	−115.075
	道路	0.1144	0.0803	0.0341	42.4712
	整幅影像	0.3930	0.3943	−0.0013	−0.320
	作物	0.7929	0.8621	−0.0692	−8.031
秋季	城镇	0.0783	0.0390	0.0393	100.650
	水体	0.3112	0.2905	0.0208	7.152
	道路	0.0406	0.0062	0.0343	552.869
	整幅影像	0.1230	0.1230	2.35×10^{-6}	1.91×10^{-3}
	作物	0.3714	0.4272	−0.0558	−13.069
冬季	城镇	0.0834	0.0735	0.0100	13.557
	水体	−0.4700	−0.5923	0.1223	−20.655
	道路	−0.1486	−0.1842	0.0356	−19.316
平均值		0.3204	0.3225	−0.0021	−0.637

对 NDVI$_{6S}$ 和 NDVI$_{FLAASH}$ 进行波段相减并取绝对值（表 4-7，图 4-5），图 4-5 中亮度越高的区域差异越大。植被覆盖区 NDVI 差值较小，且 NDVI$_{6S}$ 比 NDVI$_{FLAASH}$ 普遍偏小；对于非植被的道路、城镇、水体，NDVI 差异稍大，且 NDVI$_{6S}$ 普遍比 NDVI$_{FLAASH}$ 偏大。

4. 处理效率分析

GF-1 卫星 WFV 影像每景约 12 000×13 400 像元。在 HP Z800 工作站上，利用开发的软件模块进行大气校正，单景影像运行时间平均为 15min；采用 ENVI/FLASSH 模块运行时间为 60min。单景影像的处理效率提高约 75.0%，更重要的是降低了人工强度。

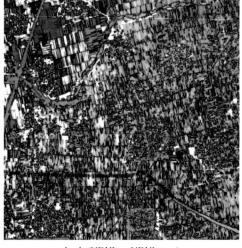

a. NDVI$_{6S}$　　　　　　　　　　　　b. abs(NDVI$_{6S}$−NDVI$_{FLAASH}$)

图 4-5　两种大气校正模式下主要地物 NDVI 值及差异

4.2.6　小结

与其他常用中分辨率卫星影像相比，GF-1 卫星影像具有更高的地面空间分辨率，特别是宽视场 WFV 影像，具备更大的幅宽和更短的重访周期，已经成为农业遥感监测业务运行系统的主要数据源之一，每月需要处理 WFV 影像均在 1000 景以上。现有商业软件中，还没有针对 GF-1 卫星大气校正批处理的模块，影响了影像的处理效率。本节研究了基于 6S 模型的 GF-1 卫星影像大气校正算法，实现了大气校正批处理。结果表明，相比现有商业软件，该模块的运行无需专人值守，可一次完成 1000 景以上影像的大气校正，运行效率高，校正效果稳定，与商业软件校正结果差异小，保证了影像的业务化应用。同时，根据 GF-1 卫星传感器光谱响应函数及太阳波谱函数，利用 WRC 参数计算得出了各传感器的波段平均太阳辐照度值，为 GF-1 卫星表观反射率的计算提供了重要的参数值。

由于缺少 GF-1 卫星影像覆盖区域的地物光谱及地表反射率实测值，此处采用了 FLAASH 模块大气校正结果对 6S 模型的校正精度进行评价分析。对比结果表明，两种大气校正模型的地表反射率具有高度的一致性，除了蓝光波段差异稍大外，绿、红、近红外波段地表反射率成果差异均较小；校正后的 NDVI 值基本一致，但经 6S 校正的 NDVI 值比 FLAASH 值略微偏高，其中作物覆盖区的 NDVI 误差仅 2.32%。在后续的研究中，随着地面地物实地光谱采集工作的展开，可以进行 6S 模型大气校正效果及精度的直接评价，为需要精确大气校正成果的定量遥感研究的推广应用提供更加翔实、科学的依据。

4.3　基于 RPC 参数区域网平差的 GF-1 卫星影像几何校正

4.3.1　研究背景

GF-1 卫星是中国高分系列卫星第 1 颗卫星，自 2013 年 4 月成功发射以来，具有高空间分辨率和高时间分辨率的特点，由于观测幅宽非常大，观测能力大幅度提升，对区域农业遥感监测具有独特优势（王利民等，2015；白照广，2013；刘兆军，2013）。

根据传感器成像几何模型所反映的数学关系，通常将几何校正模型分为严格成像模型和通用校正模型两大类。通用校正模型不考虑传感器成像的物理意义，直接采用数学函数的形式描述地物点和相应像点间的几何关系，多项式、直接线性变换、仿射变换和有理函数模型等都属于此类模型。严格成像模型则是以共线条件为基础，通过严密的成像关系建立的模型（刘军等，2006）。目前，由于国际政治原因和技术保密因素，在进行高分辨率卫星的处理时，该模型已被一种通用几何模型——有理函数模型（rational function model，RFM）替代。RFM 是将地面点大地坐标与其对应的像点坐标用比值多项式关联起来（张过等，2008；Dowman and Dolloff，2000；Yang，2000；Madani，1999），以 RPC（rational polynomial coefficient）参数的形式提供给用户，方便用户使用较少的控制点进行精校正，近年来得到普遍的应用（Zhang，2004；Fraser et al.，2002；Baltsavias et al.，2001；Tao and Hu，2001），研究也证明了有理函数模型比严格成像模型更加稳定，且可达到相一致的精度水平（Grodecki and Dial，2003）。

然而，在近些年的研究和应用过程中发现，由于星载 GPS、恒星相机和陀螺等设备获取的传感器位置和姿态参数精度有限，RPC 模型存在较大的系统误差（张过，2005），且遥感影像对地目标定位的精度一直依赖于地面控制点的数量和分布，且无法保障各影像在正射校正后的拼接精度。为了消除 RPC 模型系统误差带来的影响，常从物方和像方两个方面对其误差进行补偿，而研究表明，基于像方的补偿能够很好地消除影像的系统误差（汪韬阳等，2014），也就是通过影像之间的约束关系补偿有理函数模型的系统误差来提高定位精度，即基于有理函数模型的卫星影像区域网平差。RPC 参数区域网平差的原理是将地面点物方坐标与其像点之间的关系转换为像点间的仿射变换关系，通过这种关系可在缺少地面控制点的情况下，有效地消除系统误差所带来的影响。目前，已有不少研究人员对不同的卫星影像数据进行了区域网平差的研究（Poli，2012；程春泉等，2010；张力等，2009），也取得了一定的成果。

GF-1 卫星是我国"高分辨率对地观测系统专项"的首发星，于 2013 年 4 月在酒泉卫星发射中心成功发射，提供了大量的 16m 空间分辨率的卫星数据，对于中国农业遥感监测业务而言，每月可以形成 500 幅以上可以有效利用的数据。要将这些数据在中国农业遥感监测业务中进行深入应用，必须解决几何校正的业务化处理瓶颈，而目前对此数据的研究尚缺。下文在以往针对高分辨率卫星数据几何校正研究的基础上，对 GF-1 卫星 WFV 数据进行了区域网平差方法的应用研究，取得了较好的结果，并在农业部遥感应用中心农业遥感监测业务运行系统中进行了初步应用。

4.3.2 几何校正概述

1. RPC 模型

RPC 模型的实质是有理函数模型（rational function model，RFM）（程春泉等，2010），是一种能获得与严格成像模型近似一致精度的、形式简单的概括模型，它将像点坐标$(c，r)$表示为以相应地面点空间坐标$(X，Y，Z)$为自变量的多项式的比值。其形式如下：

$$\begin{cases} c = \dfrac{Num_C(u,v,w)}{Den_C(u,v,w)} \\ r = \dfrac{Num_R(u,v,w)}{Den_R(u,v,w)} \end{cases} \tag{4-8}$$

作为一种广义模型，当 RFM 分母为 1 时，其退化为一般的多项式模型。高阶的多项式模型常常被用于拟合曲线的内插模型。公式（4-8）中的 $Num_C(u,v,w)$、$Den_C(u,v,w)$、$Num_R(u,v,w)$、$Den_R(u,v,w)$ 形式如下：

$$\begin{aligned} p(u,v,w) = &\, a_1 + a_2 v + a_3 u + a_4 w + a_5 vu + a_6 vw + a_7 uw + a_8 v^2 + a_9 u^2 \\ &+ a_{10} w^2 + a_{11} uvw + a_{12} v^3 + a_{13} vu^2 + a_{14} vw^2 + a_{15} v^2 u + a_{16} u^3 \\ &+ a_{17} uw^2 + a_{18} v^2 w + a_{19} u^2 w + a_{20} w^3 \end{aligned}$$

式中，(u,v,w) 和 (c,r) 分别为正则化的物方和像方坐标；$a_1，a_2，\cdots，a_{20}$ 为 RPC 模型参数。

用 (ϕ,λ,h) 表示地面点的原始坐标，其中 ϕ 为大地纬度，λ 为大地经度，h 为大地高，用 (C,R) 表示原始像点坐标，则正则化计算可表示为

$$\begin{cases} \begin{cases} u = (\phi - \phi_0)/\phi_S \\ v = (\lambda - \lambda_0)/\lambda_S \\ w = (h - h_0)/h_S \end{cases} \\ \begin{cases} c = (C - C_0)/C_S \\ r = (R - R_0)/R_S \end{cases} \end{cases} \tag{4-9}$$

式中，$\phi_0，\lambda_0，h_0，C_0，R_0$ 为正则化平移参数；$\phi_S，\lambda_S，h_S，C_S，R_S$ 为正则化尺度参数。

2. 区域网平差原理

由于星载 GPS、恒星相机和陀螺等设备获取的传感器位置和姿态参数精度有限，RPC 模型存在较大的系统误差，反映到像方坐标上，可表示为

$$\begin{cases} \Delta C = e_0 + e_C \cdot C + e_R \cdot R + e_{CR} \cdot C \cdot R + e_{C2} \cdot C^2 + e_{R2} \cdot R^2 + \cdots \\ \Delta R = f_0 + f_C \cdot C + f_R \cdot R + f_{CR} \cdot C \cdot R + f_{C2} \cdot C^2 + f_{R2} \cdot R^2 + \cdots \end{cases} \tag{4-10}$$

式中，ΔC、ΔR 为 C、R 的改正量；e_0、e_C、$e_R \cdots$ 和 f_0、f_C、$f_R \cdots$ 为像点坐标的改正系数。

用 (S, L) 表示经系统误差改正后的像点坐标，当改正量 ΔC、ΔR 的表达式取至一次项时，(S, L) 与 (C, R) 之间的关系为

$$\begin{cases} S = C + \Delta C = e_0 + e_1 \cdot C + e_2 \cdot R \\ L = R + \Delta R = f_0 + f_1 \cdot C + f_2 \cdot R \end{cases} \tag{4-11}$$

即存在着仿射变换关系，其中 e_0、e_1、e_2、f_0、f_1、f_2 为各影像的仿射变换参数。公式（4-11）即为 RPC 参数区域网平差的数学模型。

4.3.3　试验数据获取

本章选取了 3 种不同地形区域的 GF-1 卫星 WFV 数据作为测试数据，共 6 幅影像。区域 1 包括北京地区的 2 幅测试数据，地貌类型包括了平原和山区，平原区海拔 20～60m，山区 1000～1500m，主要是验证平原与山区混合地形条件下的算法精度；区域 2 为覆盖河北省中南部和山东省北部的 2 幅影像，地貌类型以黄淮海平原为主，平均高程 46m，最小高程 13m，最大高程 532m，主要是检验平原区域的算法精度；区域 3 为覆盖陕西省、甘肃省东北部的 2 幅影像，地貌类型主要为秦岭山脉和黄土高原沟壑区等，平均高程 1288m，最小高程 183m，最大高程 3629m，主要是检验山区地形条件下的算法精度。

在平差计算过程中使用了连接点和少量控制点，连接点采用商业软件自动选取并经人工目视检查，控制点在 Google Earth 影像上通过目视的方式选取。所有连接点均为明显地物点，如路口交叉点和拐角点等，尽量选取地势变化平缓地区的地物点，应避免选取高程变化大的地物（如房屋点等）对区域网平差精度造成影响；少量控制点则可提高平差结果的平面坐标精度。区域 1 共选取了 12 个连接点和 4 个控制点，区域 2 共选取了 27 个连接点和 10 个控制点，区域 3 共选取了 28 个连接点和 7 个控制点。表 4-8 给出了 6 幅影像的传感器、轨道号、获取时间和侧摆角度等信息，图 4-6 则给出了平差过程中连接点、控制点的分布情况。

表4-8 试验区 GF-1 卫星 WFV 影像

区域代码	影像序号	影像传感器与轨道号	获取时间（年-月-日）	侧摆角	控制点数量/个	连接点数量/个
1	1	GF1_WFV4_E116.4_N40.2_20141102_L1A0000427926	2014-11-02	6.99°	4	12
	2	GF1_WFV4_E117.0_N40.1_20150119_L1A0000599016	2015-01-19	0.01°	4	12
2	3	GF1_WFV2_E116.6_N37.6_20140517_L1A0000227348	2014-05-17	15.57°	10	27
	4	GF1_WFV3_E114.7_N37.3_20140526_L1A0000235688	2014-05-26	8.79°	10	27
3	5	GF1_WFV1_E106.7_N34.7_20140326_L1A0000190300	2014-03-26	26.63°	7	28
	6	GF1_WFV1_E108.2_N34.7_20140314_L1A0000183018	2014-03-14	2.00°	7	28

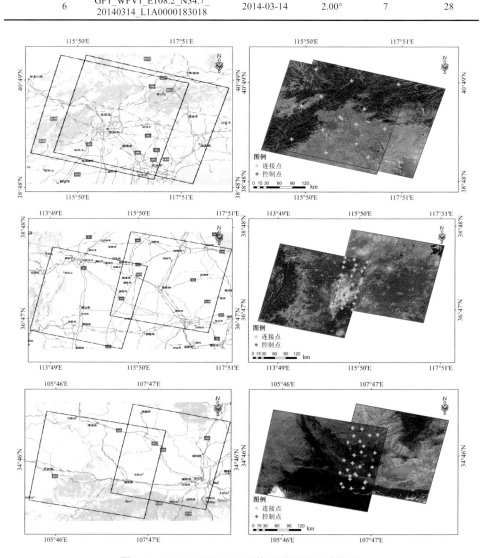

图 4-6　GF-1 卫星 WFV 影像覆盖范围及连接点

在几何配准的过程中使用了农业部农业遥感监测业务运行系统中基础控制底图，该底图是 15m 空间分辨率的 Landsat OLI 数据，并经过 Google Earth 影像的系统校准形成的。以该底图为控制底图，分别对原始 GF-1 卫星 WFV 影像、RPC校正的 GF-1 卫星 WFV 影像、有控区域网平差的 GF-1 卫星 WFV 影像，采用小面元微分纠正的方法进行几何配准，并均匀设置 25 个以上的检查点进行配准精度检查。为简要叙述起见，控制点和检查点的分布图本章不再图示。

4.3.4　研究方案

1. 基本原理

算法的核心是 RPC（rational polynomial coefficient）模型的区域网平差，目的是补偿高分 WFV（wide field view）影像 RPC 参数的系统误差，在缺少地面控制点的条件下，进行 GF-1 卫星 WFV 影像的正射校正和几何配准，满足农业遥感监测业务不同时相间影像高精度匹配的要求。算法流程包括平差模型构建、平差参数求解、面向农业基础控制底图的几何配准 3 个部分。首先，基于 RPC 参数像点与地面点关系，构建影像间的仿射变换关系，也就是区域网平差模型；其次，确定连接点的初始值，结合少量地面控制点，解算各影像的仿射变换系数，进行影像区域网平差；最后，在农业应用基础控制底图的支持下，对区域网平差的结果进行几何配准，获取与基础控制底图坐标信息一致的 GF-1 卫星 WFV 影像。

具体平差参数的解算是通过两步求解完成的：一是连接点初始值的确定，利用 RPC 模型的一次项对连接点的平面坐标进行迭代更新，直至收敛到稳定的状态，高程利用 DEM 进行内插获得；二是仿射变换参数的最终确定，即将更新后的连接点连同少量的地面控制点，输入区域网平差模型建立误差方程，并利用逐点消元法来约化法方程，解算出最后的未知量。其中，区域网平差过程中不求解连接点地面坐标的高程值，仅计算卫星影像的仿射变换系数和连接点物方平面坐标，这样可以保证平差解算的稳定性及平差后物方平面坐标的精度。

选择混合地形、平原区、山区 3 种影像校正业务实况，进行算法校正效果分析。以平差前后像元连接点残差比较，说明区域网平差的校正效果；以平差前后控制点地面坐标残差比较，说明区域网平差算法结果与绝对坐标的差异；以地面检验点检验，分析经过地面控制点校正的区域网平差结果的几何校正效果，以进一步说明算法的可行性。本章进行区域网平差的具体流程如图 4-7 所示。

2. 误差方程式

对公式（4-11）进行泰勒一级展开，即可建立区域网平差模型的误差方程式

$$V = [A \ \ B] \begin{bmatrix} t \\ X \end{bmatrix} - L \ \ P \tag{4-12}$$

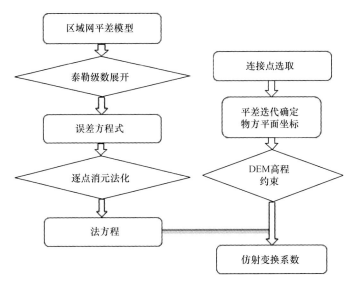

图 4-7　GF-1 卫星 WFV 区域网平差算法流程

式中，$A = [A_1 \cdots A_i \cdots]^T$、$B = [B_1 \cdots B_i \cdots]^T$ 分别为仿射变换系数和连接点物方坐标系数转置矩阵；$t = [de_0 de_1 de_2 df_0 df_1 df_2]^T$ 为影像仿射变换系数的改正值；$X = [d\phi \, d\lambda \, dh]^T$ 为连接点地面坐标的改正值；L 为像点坐标的残差向量；P 为连接点、控制点及附加参数的权矩阵。

若设参与平差的影像个数为 n，连接点的个数为 m，控制点的个数为 p，第 k 个地面点（控制点或连接点）在第 j 幅影像上的像点号为 i，则有

$$A_i = \begin{bmatrix} 0 & \cdots & 0 & \dfrac{\partial F_{S_i}}{\partial e_0^j} & \dfrac{\partial F_{S_i}}{\partial e_1^j} & \dfrac{\partial F_{S_i}}{\partial e_2^j} & \dfrac{\partial F_{S_i}}{\partial f_0^j} & \dfrac{\partial F_{S_i}}{\partial f_1^j} & \dfrac{\partial F_{S_i}}{\partial f_2^j} & 0 & \cdots & 0 \\[3mm] 0 & \cdots & 0 & \dfrac{\partial F_{L_i}}{\partial e_0^j} & \dfrac{\partial F_{L_i}}{\partial e_1^j} & \dfrac{\partial F_{L_i}}{\partial e_2^j} & \dfrac{\partial F_{L_i}}{\partial f_0^j} & \dfrac{\partial F_{L_i}}{\partial f_1^j} & \dfrac{\partial F_{L_i}}{\partial f_2^j} & 0 & \cdots & 0 \end{bmatrix}$$

$$B_i = \begin{bmatrix} 0 & \cdots & 0 & \dfrac{\partial F_{S_i}}{\partial \phi_k} & \dfrac{\partial F_{S_i}}{\partial \lambda_k} & \dfrac{\partial F_{S_i}}{\partial h_k} & 0 & \cdots & 0 \\[3mm] 0 & \cdots & 0 & \dfrac{\partial F_{L_i}}{\partial \phi_k} & \dfrac{\partial F_{L_i}}{\partial \lambda_k} & \dfrac{\partial F_{L_i}}{\partial h_k} & 0 & \cdots & 0 \end{bmatrix}$$

$$L_i = \begin{bmatrix} S_i^j - e_0^j - e_1^j \cdot C_i^j - e_2^j \cdot R_i^j \\[2mm] L_i^j - f_0^j - f_1^j \cdot C_i^j - f_2^j \cdot R_i^j \end{bmatrix}$$

$$\begin{cases} t = [de_0^1, de_1^1, de_2^1, df_0^1, df_1^1, df_2^1, \cdots, de_0^n, de_1^n, de_2^n, df_0^n, df_1^n, df_2^n]^T \\ X = [d\phi_1, d\lambda_1, dh_1, \cdots, d\phi_m, d\lambda_m, dh_m]^T \end{cases}$$

3. 法方程式

对于每一个连接点（或控制点）都可以列出一组如公式（4-12）的误差方程式，其中含有两类未知数 t 和 X，t 对应于所有影像仿射变换参数的总和，X 对应于所有地面点的坐标。相应的法方程式为

$$\begin{bmatrix} A^T P A & A^T P A \\ B^T P A & B^T P B \end{bmatrix} \begin{bmatrix} t \\ X \end{bmatrix} = \begin{bmatrix} A^T P L \\ B^T P L \end{bmatrix} \qquad (4\text{-}13)$$

对于卫星影像的区域网平差而言，由于所涉及的轨道、每条轨道上的影像数和每幅影像的连接点数有时会很多，此时误差方程式的总数是十分可观的。在解算过程中可先消去其中一类未知数而求另一类未知数。一般情况下地面点坐标未知数 X 的个数要远远大于定向未知数 t 的个数，消去 X 后可得 t 的解为

$$t = \left[A^T P A - A^T P B (B^T P B)^{-1} (B^T P A)^{-1} \right] \cdot \left[A^T P L - A^T P B (B^T P B)^{-1} (B^T P L) \right] \quad (4\text{-}14)$$

4. 逐点消元法

按照公式（4-14）整体消元解算未知数时，系数矩阵、误差向量及权矩阵的阶数不变，导致实际的计算量并没有明显减少。因此，本研究采用逐点消元法，对每个连接点（或控制点）分别进行法化、消元建立约化法方程，最后统一解算各点的约化法方程组，求出各影像的仿射变换参数的改正数。其实现形式如下：

$$\begin{aligned} \sum_{i=1}^{m} \left[A^T P A - A^T P B (B^T P B)^{-1} (B^T P A) \right]_i \cdot t = \\ \sum_{i=1}^{m} \left[A^T P L - A^T P B (B^T P B)^{-1} (B^T P L) \right]_i \end{aligned} \qquad (4\text{-}15)$$

4.3.5　结果与分析

1. 区域网平差结果

根据区域网平差结果对连接点残差进行统计，包括使用全连接点和加入少量控制点的平差方法，与直接依据原始 RPC 参数计算的连接点残差进行比较，可以检验基于连接点的区域网平差的效果与稳定性，同时其残差也能在一定程度上反映影像之间的相对位置精度。三种方式下残差统计结果如表 4-9 所示。由表 4-9 可以看出，区域 1、2、3 原始 RPC 结果 X 方向的残差为 0.3130 像素、1.5080 像素和 1.1869 像素，Y 方向的残差为 1.3681 像素、1.4139 像素和 0.4195 像素，表明采用原始 RPC 参数计算获取的影像间定位结果存在较大的差异，需要进一步进行校正；而在全连接点的条件下，通过区域网平差，区域 1、2、3 测试结果 X 方向的残差为 0.3046 像素、0.4674 像素和 0.3365 像素，Y 方向的残差为 0.3677 像素、

0.2849 像素和 0.2889 像素，与原始 RPC 结果相比较，有了较大的改善，表明在全连接点的情况下，通过本节算法可以有效提高影像的相对定位精度；而为了验证在连接点基础上添加一定数量控制点对平差结果的影响，对三个试验区分别添加一定数量控制点，三个区域 X 方向的残差分别为 0.3648 像素、0.5041 像素、0.3605 像素，Y 方向的残差分别为 0.4760 像素、0.2231 像素、0.2738 像素，结果表明，增加的控制点对于连接点残差的减少并没有显著作用，这是因为通过全连接点可以在较大程度上提高影像之间的相对位置精度，而控制点的作用主要在于提高影像的绝对定位精度。

表 4-9　测试区连接点残差分析表

试验区域	连接点/控制点数	残差/像素	原始 RPC 计算		无控区域网平差		有控区域网平差	
			X	Y	X	Y	X	Y
区域 1	14/2	最大残差	0.6458	2.1013	0.6053	0.7130	0.7146	0.9704
		最小残差	0.0002	0.8378	0.0207	0.0380	0.0255	0.0594
		残差	0.3130	1.3681	0.3046	0.3677	0.3648	0.4760
区域 2	27/10	最大残差	2.1270	1.9829	1.3446	0.6481	1.3926	0.5532
		最小残差	0.0256	0.8010	0.0000	0.0197	0.0097	0.0008
		残差	1.5080	1.4139	0.4674	0.2849	0.5041	0.2231
区域 3	28/7	最大残差	2.6004	1.1737	1.2996	0.8268	1.1431	0.6941
		最小残差	0.5421	0.0058	0.0072	0.0142	0.0120	0.0053
		残差	1.1869	0.4195	0.3365	0.2889	0.3605	0.2738

为了评价算法的绝对定位精度，在三个试验区域选择一定数量的检查点，统计检查点的误差，统计结果见表 4-10。由表 4-10 可以看出，区域 1、2、3 原始 RPC 结果 X 方向的中误差为 3.9052 像素、11.3080 像素和 6.5864 像素，Y 方向的中误差为 4.8539 像素、2.7709 像素和 2.4960 像素，其绝对定位精度需要进一步提高；而通过全连接点的区域网平差，区域 1、2、3 校正结果 X 方向的中误差为 2.7765 像素、3.0772 像素和 1.7908 像素，Y 方向的中误差为 0.7715 像素、10.751 像素和 8.5147 像素，与原始 RPC 结果相比较，全连接点校正在提高相对位置精度的同时，其绝对定位精度并没有明显提高，然而从各区域检查点的最大误差、最小误差可以明显看出，相比原始 RPC 计算结果，全连接点区域网平差的剩余误差呈现了很强的系统性；而通过加入少量控制点参与区域网平差后，区域 1、2、3 的 X 方向中误差减小为 0.4806 像素、0.4717 像素、0.6704 像素，Y 方向的中误差减小为 0.4954 像素、0.4039 像素、0.6323 像素，这表明加入少量控制点的区域网平差可以有效剔除系统性误差，提高影像的绝对定位精度。

表 4-10 测试区检查点误差分析表

试验区域	检查点数	误差/像素	原始 RPC 计算		无控区域网平差		有控区域网平差	
			X	Y	X	Y	X	Y
区域 1	8	最大误差	6.1908	5.8153	3.2673	1.0448	0.5205	0.6208
		最小误差	2.4500	3.7708	2.0792	0.5470	0.4190	0.3520
		中误差	3.9052	4.8539	2.7765	0.7715	0.4806	0.4954
区域 2	8	最大误差	12.0230	3.4992	3.8308	11.770	0.9443	0.7473
		最小误差	10.7580	2.2214	2.5538	9.7238	0.2289	0.0899
		中误差	11.3080	2.7709	3.0772	10.751	0.4717	0.4039
区域 3	7	最大误差	7.0592	3.2451	2.5387	8.9895	1.2949	1.0222
		最小误差	5.4592	1.9595	0.9530	7.3923	0.0122	0.1245
		中误差	6.5864	2.4960	1.7908	8.5147	0.6704	0.6323

2. 几何精校正结果对比

在农业遥感监测业务中，作物季节变化是获取农作物面积、长势、产量的重要依据，在绝对定位精度限制条件下，不同季相影像相对更为重要。在农业遥感监测业务中，普遍采用 Landsat 8 卫星 OLI 传感器 15m 空间分辨率的影像作为基础控制底图。控制影像的位置与绝对几何位置并不一定严格吻合，这就需要在业务化运行前，先将卫星影像通过配准的方式，达到与控制影像一致的几何精度。本部分直接使用原始高分影像、RPC 参数结合 DEM 计算、区域网平差解算出来的影像为待校正影像，以控制影像为基准，统一使用小面元微分配准方法进行几何精校正，以比较三种方式的精校正精度，如表 4-11 所示。结果表明，原始高分影像直接配准精度整体很低，其结果中平原地区精度稍高，X、Y 方向误差分别为 1.5899 像素和 0.5307 像素，混合地形区为 5.8177 像素、1.1786 像素，山区则非常低，为 9.2345 像素、1.3376 像素；原始 RPC 计算后在配准精度上有一定提升，但是仍然未达到亚像素级别，平原地区 X、Y 方向中误差分别为 1.2274 像素、0.6301 像素，混合地形区域为 1.1257 像素、0.7537 像素，山区最低，为 2.4339 像素、0.9113 像素；而对于不同的区域，区域网平差后精校正的精度都较高，平原区 X、Y 方向误差分别为 0.6664 像素、0.4696 像素，山区为 1.0646 像素、0.5609 像素，混合地形区域为 0.6857 像素、0.4342 像素，基本上都达到了亚像素级别，满足应用的需求，这也表明，区域网平差方式对于卫星遥感影像几何精校正有适用性。

表 4-11   原始 RPC 定位结果与区域网平差后几何精校正结果比较

试验区域	残差/像素	原始高分影像		原始 RPC 计算		区域网平差计算	
		X	Y	X	Y	X	Y
区域 1	最大残差	15.4082	4.1656	2.7473	1.9751	2.1239	1.5312
	最小残差	0.0555	0	0.1387	0	0	0.0053
	残差	5.8177	1.1786	1.2274	0.6301	0.6857	0.4342
区域 2	最大残差	8.4221	1.5505	3.7116	1.7950	2.2546	1.1121
	最小残差	0	0.0109	0.0555	0.0112	0	0.0167
	残差	1.5899	0.5307	1.1257	0.7537	0.6664	0.4696
区域 3	最大残差	28.8877	4.4574	7.2774	2.0626	3.1357	1.4295
	最小残差	0.0346	0	0.3746	0	0	0.0115
	残差	9.2345	1.3376	2.4339	0.9113	1.0646	0.5609

3. 不同分辨率 DEM 对平差的影响

由于试验中连接点的平面坐标通过原始校正影像直接获取，而高程则通过 DEM 内插得到，为了验证 DEM 分辨率对最后区域网平差正射校正影像精度的影响，试验选取区域 1（混合地形），并对 30m 的 DEM 进行重采样，得到 300m 分辨率的 DEM 数据，然后分别用 30m 和 300m 的 DEM 数据作为高程约束进行试验，并分别选取位于山区和平原地区的检查点各 10 个，检查不同分辨率 DEM 最后校正的精度，结果如表 4-12 所示。

表 4-12   不同分辨率 DEM 的平差精度

试验区域	残差	300m DEM		30m DEM	
		X/m	Y/m	X/m	Y/m
平原	最大残差	0.9451	0.6466	0.9383	0.6462
	最小残差	0.0127	0.0116	0.0100	0.0090
	残差	0.5764	0.3925	0.5735	0.3901
山区	最大残差	2.0385	1.3378	1.3397	1.0486
	最小残差	0.0421	0.0521	0.0289	0.0347
	残差	0.8583	0.6085	0.6803	0.4951

表 4-12 显示，选择 30m 或 300m 分辨率的 DEM 进行平差校正的影像定位精度在平原地区较为一致，而山区则低分辨率 DEM 校正精度相对较低。从本部分算法的角度分析，主要原因有以下两个方面：①不同分辨率 DEM 将造成控制点

DEM 输入值的误差不同，分辨率低的 DEM 高程误差大，但是由于高程误差对平差的影响因子较小，因此造成的最终定位误差并不大；②在制作正射影像过程中，不同分辨率的 DEM 对正射校正影像精度将产生一定影响，这一点在山区尤其明显，高程的差异将造成一定的投影差，而在平原地区，由于高程基本一致，这类误差就基本不会产生。

4. 正射影像对比

为了验证本部分方法在制作高分几何校正正射影像上的效果，试验中分别利用本部分使用的区域网平差方法和直接RPC参数校正的结果对所有试验区域的高分影像进行了正射校正，局部正射影像拼接效果如图 4-8 和图 4-9 所示。

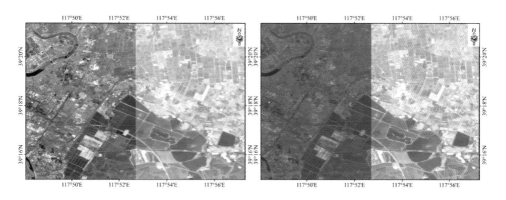

图 4-8　平原地区校正效果对比

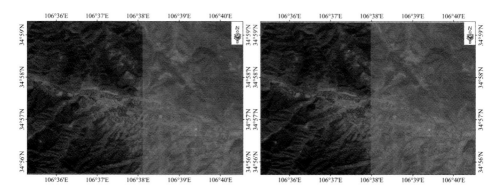

图 4-9　山区校正效果对比

由图 4-8 和图 4-9 可以看出，使用原始 RPC 参数直接进行正射校正的影像，拼接效果较差，尤其是在山区的偏差更大；而使用本部分方法将两景影像联合平差，在进行正射校正后，无论山区还是平原，都可以获得较好的拼接效果，可实现相邻地区正射影像间更好的拼接。

4.3.6 小结

本节利用卫星的多轨道及影像之间的约束关系，以 RPC 模型为基础，通过建立像面仿射变换关系对轨道、姿态等方面的系统误差进行了补偿。分别选取混合地形、平原、山区高分影像，首先依据各影像之间的交会进行连接点选取，并以数字高程模型 DEM 作为高程约束，将这些点的物方平面坐标进行平差迭代至收敛；然后将连接点及地面控制点输入区域网平差模型，进行各影像仿射变换参数的解算，并根据解算出的仿射变换参数进行卫星影像的校正和正射校正，并与直接 RPC 参数的校正进行了对比；最后，为进一步提高定位精度，通过与基准影像的配准方法实现几何精校正，并分析使用直接 RPC 参数、原始影像直接配准、区域网平差校正的几何精校正结果精度。试验结果如下。

（1）对连接点的物方平面坐标进行平差迭代，然后根据平面坐标对 DEM 进行内插获得高程值，以此作为初始点，利用影像间约束关系构建的区域网平差模型能很好地补偿 RPC 模型的系统误差，有效地提高目标定位精度，并且在加入少数的地面控制点后，也消除了卫星系统参数中的系统误差，相对于直接 RPC 的前方交会定位精度而言，无论是平原、山区或者混合地区，最后的绝对定位精度均较高，整体上能达到亚像素级别。而将 30m 和 300m DEM 作为高程输入进行平差校正的结果表明，对于平原地区，校正精度基本一致，而对于山区地形，更高分辨率 DEM 可以获得较高的几何定位精度。

（2）为获得更高的几何定位精度，将原始影像、RPC 计算影像、区域网平差校正结果分别与控制影像通过配准的方式进行几何精校正，结果显示，使用原始 RPC 和一般几何校正，在平原地区可以达到较高的定位精度，但是对于地形起伏较大的山区，可能依然存在较大的误差，影响影像的业务化应用；而使用区域网平差进行几何精校正的方式，无论在山区还是平原地区，都能得到较高的定位精度，与控制影像实现有效的配准，为高分数据业务化应用提供高精度数据源。

（3）正射校正结果的比较。在影像正射校正时，由于本研究将多个单模型纳入统一的系统下进行平差，有效地消除了单模型之间误差的影响，平原及山区能够进行很好的接边。而对于直接 RPC 参数的前方交会而言，对于高程差异明显的山区，单模型之间的误差则相对较明显，容易造成正射影像拼接精度不够理想，影响卫星影像的应用。同时，在地面特征不明显或人员无法到达的地区，想要获取足够数量的地面控制点非常困难，从而也体现出了本研究少控制点甚至无控制点区域网平差的优越性。

（4）区域网平差法具备一定的可靠性和正确性，在处理农业遥感的卫星影像方面也已取得良好的效果，且影像校正精度可达亚像素级别，这也从侧面反映出高分一号卫星遥感影像数据的有效性，对于后期研究其他高分系列卫星影像数据的几何校正也具有一定的参考意义。

第 5 章　农作物面积遥感监测地面样方获取技术研究

5.1　引　　言

地面样方指的是具有精确地理坐标、几何范围，并具有真实可靠属性信息的用于进行作物分类识别、精度验证的作物样方数据集。地面样方的获取方式既可以是在地面实地采集获取，又可以使用航拍影像获取，还可以使用高分辨率卫星影像目视解译获取。地面样方的存储形式包括文本形式、矢量形式、栅格形式等多种。地面样方的应用范围包括分类专家知识的构建、影像监督分类等作物分类、分类结果精度验证等。

常规的地面样方获取一般使用实地考察的方式，通过携带 GPS 测量仪器，在田间地头测量精确坐标，确认作物类别、长势、墒情等信息，拍摄实地作物照片，而样方的范围一般通过地面精确地理坐标位置结合高分辨率影像手动勾绘获取，或者使用 RTK（real-time kinematic）载波相位差分技术，在样方四周绕走一圈，结合 GPS 基站差分取精确地理范围。该方法获取的样方精度较高，但是耗时较长，需要较多的人力、物力，不适合进行大范围的样方调查。航拍样方获取方式相比地面样方实地调查，可以获取更大范围的连片区域地面情况，具有很高的几何精度及属性精度，且目前无人机航拍的成本已较低，处理方式也较为成熟，可以应用于小范围示范区的样方快速灵活获取。但是航拍方式获取样方，也需要进行实地调查，对于偏远地区而言获取难度较大，若研究区的范围较大，则成本依然不小。随着近年来高分卫星的不断发射，不少高分影像的分辨率已经达到了亚米级，直接使用此类高分影像，通过目视解译，结合其他资料信息即可获取精确的样方数据，大大弥补了传统样方获取中外业工作过多过重的不足，是当前常用的样方获取方式。

本章主要研究了基于无人机航拍方式，获取地面样方的技术流程，以及使用 Google Earth 免费丰富的影像数据获取地面样方的方法，为作物面积识别提供高精度、方法多样的地面样方数据支撑。

5.2　无人机遥感数据的农作物面积提取

5.2.1　研究背景

农业遥感监测是以遥感技术为主对农业生产过程进行动态监测的过程，内容是对大宗农作物种植面积、长势、墒情与产量的发生与发展过程进行系统监测。其范围大、时效高和客观准确的优势是常规监测手段无法企及的。农业生产变化快，需要指定时间范围内的影像，目前的星载高空间分辨率数据的重访时间长，无法保证短时间内获得指定区域数据，空间抽样技术就成为中分辨率遥感监测结果的有效补充。但采用高精度 GPS 实测地面样方的方法存在效率低、样方面积小的问题。无人机遥感技术的出现和发展，为这一问题的解决提供了一种新思路。无人机具有成本低、操作简便、获取影像速度快、地面分辨率高等一系列优点，可以实现对某一重点研究区域大范围遥感影像的快速获取，结合农作物地面测量数据，能迅速而准确地完成该区域农情监测任务，并为更大范围农情采样估计提供便利（王玉鹏，2011），同时无人机遥感监测也是地面样方获取的重要技术之一。

无人机（unmanned aerial vehicle，UAV），是一种通过无线遥控或规划航线飞行的无人驾驶飞机，它一般由动力系统、飞控系统、无线通信遥控系统、有效载荷（武器、侦查设备）等部分组成。目前无人机的研究方向主要集中在飞行系统研制、影像处理方法与精度方面，行业应用虽然也有一些报道，但主要集中在军事、地图测绘更新、地质勘探、自然灾害监测等领域，对于农业遥感监测领域则涉及较少。中国测绘科学研究院研制了 UAVRS-Ⅰ/Ⅱ型无人机，完成了"无人机海监遥感系统关键技术研究和验证试验"项目，并研究了无人机影像处理技术（崔红霞等，2005；李紫薇和曹红杰，1998）。杨正银等（2012）对无人机航摄影像测绘地形图的精度进行了探讨，得出依据无人机影像制作的 1∶2000 地形图的平面和高程精度均满足《1∶500 1∶1000 1∶2000 地形图航空摄影测量内业规范》对 1∶2000 平地、丘陵的成图要求。谢彩香等（2007）根据中药资源分布特点利用无人机进行抽样调查，结合航天遥感计算中药资源的总量，大大节省了成本，并使其结果具有统计学的可靠性。张园等（2011）利用无人机影像在临安市进行了森林资源二类调查试验，指出无人机遥感技术在森林精确区划调查、森林病虫害监测防治方面有良好的应用前景。胡晓曦等（2010）、周晓敏等（2012）等则对无人机影像测图定位精度进行了研究，结果表明，依据无人机影像经过几何校正和拼接后得到的正射影像图具有很高的平面位置精度。

本章以位于河北省廊坊市的中国农业科学院（万庄）农业高新技术产业园为依托，对无人机影像在农情监测方面的应用进行了初步研究，开展了无人机影像获取、地面数据的采集和正射影像图、农田区划图等的制作，利用野外检查点对这些成果的几何精度进行评价，结果表明，无人机影像校正处理结果在几何精度上是满足农业应用需求的；依据校正后的影像，分别采用传统的监督分类方式和目前逐步流行的面向对象分类方式，进行了农作物分布的分类提取，与地面实测数据进行比较，表明无人机影像在农作物遥感监测方面的应用是切实可行且能达到较高精度的，无人机影像获取的具有精确地理位置和高分类精度的分类结果，可以作为地面样方应用于卫星遥感分类或精度验证。

5.2.2　研究区概况

廊坊市位于华北平原东北部,面积 6429km^2,其中常用耕地面积 37.33 万 hm^2,总人口 410 万,其中农业人口近 300 万。廊坊市地处中纬度地带(116.17°E～117.04°E,38.42°N～39.59°N),属暖温带大陆性季风气候,光热资源充足,雨热同季,全市无霜期平均 183d,降水量年均约为 555mm,日照时数年均 2660h 左右。该市位于华北冲积平原中下流地区,除北部有少量燕山余脉外,大部分地区土地平坦、土地肥沃、气候适宜,适于多种农作物生产。本次航测区以廊坊市的中国农业科学院(万庄)农业高新技术产业园为中心,测区面积大约为 4.2km×3.1km,地形平坦,平均海拔 25m,是由中国农业科学院与廊坊市广阳区合作共建,主要从事农业科研创新、成果转化、科技服务的现代农业科技园。主要栽培玉米、小麦、苜蓿、大豆、花卉等。测区交通条件便利、田地分块大而整齐,为遥感影像分类提供了便利,同时对农作物的地面生长情况进行有效监控,各种作物资料获取方便,为无人机影像农情监测应用研究提供了可靠的保障,研究区位置见第 2 章图 2-1。

5.2.3　研究方案

1. 基本原理

无人机影像农业遥感监测研究的重点主要包括以下 3 个部分:无人机影像获取与定位原理、外业方案及地面数据采集、无人机作物识别方法研究。无人机影像获取与定位原理针对本次研究所使用的无人机情况,介绍包括相机检校、控制点布设及航线设计、无人机影像定位原理与方法等方面内容;外业方案及地面数据采集包括基站与控制点布设,获取地面农田地块区划、作物分类、作物生长状况信息等;无人机作物识别方法研究主要介绍通过精度评价的手段,利用监督分类方法和面向对象分类方法开展不同种类农作物面积识别精度与能力的研究,并通过精度比较对 2 类方法的准确程度进行定性评价与讨论。

2. 作物识别方法

本章分别采用 2 种分类方法对研究区的作物面积进行识别。一种是基于最大似然分类法(maximum likelihood classification,MLC)的监督分类。最大似然分类法有严密的数学理论基础,它综合应用了每个类别在各波段中的均值、方差及各波段之间的协方差,有较好的统计特性,一直被认为是较先进的分类方法。在传统的遥感图像分类中,最大似然分类法的应用比较广泛。该方法通过对训练样本的统计和计算,得到各个类别的均值和方差等参数,从而确定一个分类函数,然后将待分类图像中的每一个像元代入各分类函数，计算出最大似然概率。将概率最大的类别作为该像元的归属类别，从而达到分类的效果。

另一种是面向对象分类方法，它采用一种影像多尺度分割的法则，运用模糊数学方法获得每个影像对象的属性信息，以影像对象为信息提取的基本单元，实现类别信息自动提取的目的。面向对象影像分析有 2 个独立的模块：对象生成与信息提取。对象生成是采用分割技术生成属性值不同的影像对象的过程，成功的影像分割是面向对象影像分析的必要前提。信息提取是基于模糊逻辑的分类系统，并不是将每个对象简单地分到某一类，而是给出每个对象隶属于某一类的概率，根据地物特征及空间信息建立模糊逻辑的知识库，进行信息提取。

5.2.4 数据获取与应用

1. 相机检校

本次研究采用 Free Bird 小型电动无人机，起飞质量 2.5kg，巡航速度 54km/h，飞行高度 50～2500m。系统操控简单，轻便灵活，易于推广。无人机上搭载了理光 GXRA12 数码相机，主要参数如表 5-1 所示。

表 5-1　航拍相机主要参数

相机型号	Richo GXR A12
镜头规格	28mm
传感器规格	APS-C（23.6mm × 15.7mm）
像素数量	4288×2848
航拍测图精度	1∶2000
航拍分辨率	0.1m（航高 250m）

由于航拍相机是非量测相机，相机存在较大的镜头畸变、像主点偏移等误差，因此相机参数的标定是非常关键的环节，其标定结果的精度及算法的稳定性直接影响相机工作产生结果的准确性。本章中相机检校工作在地面试验中完成，检校报告由厂家提供，主要的检校参数见表 5-2。

表 5-2　相机检校参数

主点 x_0	2 096.558 像素
主点 y_0	1 431.724 9 像素
焦距 f	3 333.294 9 像素
径向畸变系数 k_1	$5.958×10^{-9}$
径向畸变系数 k_2	$-5.173×10^{-16}$
偏心畸变系数 p_1	$1.053×10^{-7}$
CCD 非正方形比例系数 α	$-2.677×10^{-4}$
CCD 非正方形比例系数 β	$-4.483×10^{-4}$
检校精度	0.134 76 像素

2. 控制点布设及航线设计

无人机航空摄影所携带的往往是普通数码相机，航高低、单幅影像覆盖面积小、重叠度大、基线长度短，要进行高精度测图，则布设控制点数目将大大增加。本次试验所用无人机由 POS 系统提供相机曝光时刻的高精度外方位元素，方便进行惯性测量装置/差分全球定位系统（inertial measurement unit/differential global positioning system，IMU/DGPS）辅助空中三角测量，理论上只需要有一个基站，而不需任何地面控制点（GCP）即可实现整个测区的航空摄影测量，校正之后的影像能保证一定的绝对定位精度和很高的相对定位精度。然而在实际应用中，如果要获得更高的绝对定位精度，布设一定数量的地面控制点还是需要的，同时这些点还可用来检测影像几何定位精度，保证校正影像符合农业监测应用需求。

控制点布设要求 GPS 信号遮挡少、目标易于识别且固定不动、分布均匀。本次试验共布设控制点 103 个，主要分布在道路交叉口中心，使用 RTK 进行测量，可用于空三运算和精度检测。

本次试验设计航高375m 左右，共设计了10条东西向航线，每条航线长约4km，航向重叠度达到80%，旁向重叠度达60%，大部分地面点被5张及以上的像片所包含，共设定了690个曝光点，单幅影像覆盖面积约为341m×514m，影像地面分辨率约为0.12m，完整覆盖了整个研究区域，如图5-1所示。

3. 无人机遥感影像定位

无人机拍摄获取的影像为中心投影，要进行实际的应用必须对影像进行正射校正并最终拼接成图，获得整个测区的正射影像图（digital orthophoto map，DOM）。

与传统的卫星传感器、机载传感器相比较，姿态稳定度相对较差是无人机影像的主要特点，这也是影响其定位精度的主要因素。目前，商用软件的一般做法是 POS 辅助光束法空三。在本章中，无人机影像定位的主要步骤是首先依据相机检校文件确定相机的检校参数，同时结合全球定位系统/惯性导航系统（global positioning system/inertial navigation system，GPS/INS）提供的相机成像时刻的线元素和角元素，进行无控制点条件下的 POS 辅助空中三角测量。POS 辅助空中三角测量也称为"集成传感器定向法"（integrated sensor orientation，ISO），它是通过对 POS 系统观测数据进行严格的联合数据后处理（动态卡尔曼滤波）直接测定航摄仪的空间位置和姿态，并将其与像点坐标观测值进行联合平差，以整体确定地面目标点的三维空间坐标和 6 个影像外方位元素，实现少量或无地面控制点的摄影测量区域网平差。它与传统的区域网光束法平差最大的不同是引入 POS 系统测量的 GPS 位置数据和 INS 测得的姿态角度信息作为平差条件，建立相应的误差方程，依据最小二乘法原理解算法方程，得到包括摄站位置、姿态、地面点坐标、相机内方位元素、偏心角、偏心距等一系列值。对地面点进行空三加密之后，得

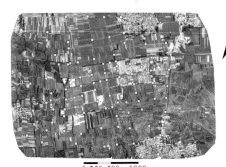

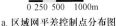

a. 区域网平差控制点分布图

b. 航线及曝光点位置分布图

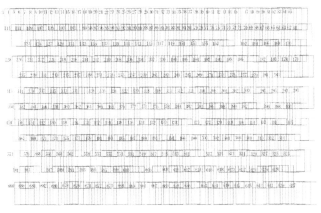

c. 像片重叠度

图 5-1　像控点及航线设计

到数字高程模型，之后进行影像数字微分纠正，即可得到正射影像图。从这一过程可以看出，空三解算的精度直接影响到最后成图的质量，若空三解算精度低，则会导致最后的 DOM 精度降低，甚至无法拼接成图。在通过对目前常用的几种空三处理软件的处理效果的精度和速度进行对比之后，认为完全基于影像、自动空三计算原始影像的真实位置和参数，参数优化、区域网平差和自动校准影像等技术是实现大数据简单、快速、精确处理的关键。目前成熟的商用软件总体上都可以满足精度要求，但在使用的方便程度上各有利弊，需要使用者根据各自情况有针对性地使用。

　　由于航片拍摄时刻记录的 GPS 位置是具有一定定位误差的，因此在没有地面控制点对这一误差进行控制的情况下，由空三结果得到的正射影像图还存在一定的系统误差。为了提高定位精度并与整个测区卫星遥感数据处理标准影像相统一，后期采用了 3 阶一般多项式进行影像的配准精校正，可以采用基准点校正，也可以采用基准影像进行校正。基准影像采用具有高空间分辨率的 WorldView 影像。配准之后，通过无人机获得的影像和卫星遥感影像就能较好地统一起来，方便进行其他处理。

4. 外业设计及地面数据采集

外业工作主要包括基站布设、控制点布设和测量、农田地块 GPS 测量、农作物种植及生长情况调查、无人机航拍作业等。控制点测量、无人机航拍作业、农田地块测量等涉及 GPS 测量的作业都需要基站数据进行差分，在本研究中这些基站均布设在同一点上，以增加数据的相关性，减少误差。无人机航拍时间为 2012 年 9 月 13 日，风力小于 4 级，天气晴朗，能见度高，飞行采用自动起飞/规划航线飞行/自动降落模式，全程耗时约 1h。农田分布区划 GPS 测量使用载波相位测量原理，由操作人员携带 GPS 接收机，沿着不同的农田地块边缘移动，获取农田地块边界 GPS 数据。得到这些数据之后，再结合基站 GPS 数据进行差分处理，定位精度将由原始数据的几米提高到厘米级，相比无人机航拍定位精度，可认为是真实准确的。

在对不同的农田地块区划进行 GPS 测量时，同时记录这些地块内作物的种类、植被指数、生长状况等作物信息，为后续利用无人机影像进行作物农情监测提供地面实测数据支持，并用以进行精度评价。

5. 数据处理与产品制作

目前，无人机航拍影像处理软件主要有 ERDAS/LPS、SocetSet、Inpfo、Pix4UAV 等，在对各个软件的处理效果及速度进行比对之后，本章选择 Pix4UAV 软件进行无人机遥感影像处理，未加特殊说明，所有投影方式均为 UTM-N50，椭球模型为 WGS84，主要过程及结果如下。

首先准备航拍相机的检校参数文件，该文件可由厂商提供，也可自行进行相机检校试验计算初始检校参数。

对航拍获取的影像进行筛选，保证参与校正拼接影像的质量和拼接的效果、速度。需要筛选掉的有姿态角过大影像（俯仰角和侧滚角大于3°）、航线拐角处曝光影像、重叠度过大或过小的影像、成像效果不好的影像。

将筛选后的航拍影像及其对应的 POS 数据、相机检校文件输入 Pix4UAV，接下来主要就是软件内部处理过程。软件首先从输入的影像中自动提取相当数量的连接点，这些连接点结合 POS 数据，参与空三计算，得到每一张航拍影像的准确外方位元素和加密点的坐标。然后进行点云加密，Pix4UAV 高级算法计算影像每一个像元的高程值，生成三维点云，以提高数字高程模型（DEM）和正射影像图（DOM）的分辨率和准确性。得到 DEM 之后，进行数字微分纠正，将原始影像拼接校正成正射影像。需要注意的是，软件自动生成的 DOM 在如建筑物等地物处可能存在扭曲现象，对于这些地方，使用软件自带的镶嵌编辑工具进行编辑，既保证了 DOM 的位置精度，又保证了 DOM 在目视效果上的准确。

处理结束后，查看 Pix4UAV 输出的精度报告文件并浏览校正拼接后的 DOM成果，检查拼接校正的精度是否达到应用要求，平差精度达到 0.284 像素。

输出的结果包括测区的数字高程模型（DEM）和正射影像图（DOM）。对于DOM，依据 WorldView 卫星影像采用 3 阶一般多项式进行影像的配准校正，校正系统误差并保证 DOM 与整个测区的卫星遥感数据处理标准影像相统一。

依据正射影像图，制作数字线划图（digital line graphic，DLG），对主要道路、建筑和农田进行矢量化。图 5-2 给出了测区 DEM，图 5-3 给出了测区 DOM，图 5-4给出了测区 DLG。其中，图 5-3 中黄线区域为测区中心区域，红线区域为具有作物地块测量数据的农作物面积精度评价区域，本章的面积精度评价是在这一区域进行的。

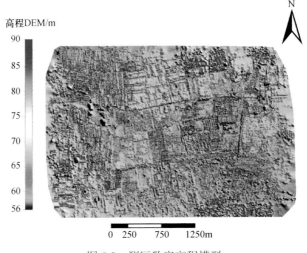

图 5-2　测区数字高程模型

6. 定位及精度评价

进行无控制点条件下的 POS 辅助光束法区域网平差之后，利用 103 个野外检查点对校正精度进行评价，以中误差表示的平面定位精度为 X 轴方向（东西方向），其中误差为 2.2877m，Y 轴方向（南北方向）误差为 2.7821m，整体平面中误差为3.6018m；由于在无控制点条件空三情况下，地面定位精度会受到无人机本身 GPS误差等的影响，因此，为降低误差并将无人机测区影像与大范围卫星影像坐标系相统一，采用 3 阶一般多项式模型进行几何精校正后，X 轴方向（东西方向）中误差为 1.5871m，Y 轴方向（南北方向）中误差为 1.8965m，整体平面中误差为2.32m，符合国家测绘地理信息局提出的《数字航空摄影测量空中三角测量规范》中对 1∶10 000 平地的平面位置中误差不大于 3.5m 的要求，能够满足农作物面积遥感监测中作物面积调查定位精度的要求。

图 5-3　测区正射影像图

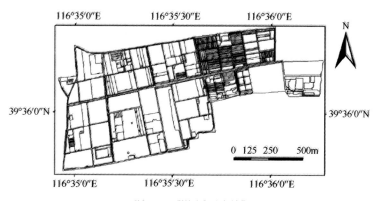

图 5-4　测区中心区域

在数字线划图产品中，选择多块田地，测算其面积，结果与使用地面 GPS 手段测得的田地面积进行比对，结果如表 5-3 所示。

表 5-3　农田面积计算精度

地块编号	航测面积/m^2	实测面积/m^2	精度/%
1	20 623.4	20 824.6	99.03
2	3 979.6	4 015.1	99.12
3	2 879.3	2 950.4	97.59
4	396.4	414.2	95.70
5	362.2	375.9	96.36
6	357.8	374.7	95.49
平均精度	28 598.7	28 954.9	98.77

可见，使用无人机航拍影像进行面积监测的精度基本能达到95.0%以上，且田块面积越大，统计精度越高，这也说明无人机航拍影像在大面积农田面积监测中的精度是可以保证的。

5.2.5 农作物识别

位于航测中心区域的是一块长期监测地块，南北 250m，东西 300m，分布有苜蓿、春玉米和夏玉米几种作物，以及收割完的春玉米、大豆、花生（视为裸土）。这一区域作物种植结构复杂，并具有 GPS 测量的作物面积与类型数据，选择这一区域作为面积精度评价区域，图 5-5 是面积精度评价区域的无人机影像，分别采用监督分类方法和面向对象分类方法对上述几种地物类型进行识别。

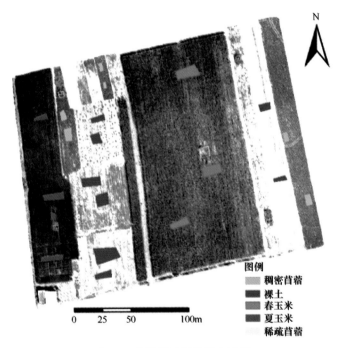

图例
　稠密苜蓿
　裸土
　春玉米
　夏玉米
　稀疏苜蓿

0　25　50　100m

图 5-5　分类样区训练样本选择

1. 监督分类

采用 ENVI 软件，首先在影像上对每种地物类型分别选择 3～5 块用于分类的训练样本。训练样本的选择是监督分类的关键，需要对要分类的图像所在的区域有所了解，或进行过初步的野外调查。最终选择的训练样本应能准确代表整个区域内每个类别的光谱特征差异。因此，同一类别训练样本必须是均质的，不能包含其他类别，也不能是和其他类别之间的边界或混合像元。

基于最大似然分类法分类，利用上一步选择的训练样本对整幅影像进行分类，结果如图 5-6b 所示，由图 5-6b 可知，除了小部分区域存在混淆的现象（如春玉米中混杂裸土，夏玉米中夹杂有苜蓿）外，大体上分类效果是较为良好的。为了进一步定量考察分类结果的精度，利用 GPS 地面测量结果（图 5-6a）对其进行验证，将地面测量结果作为真值，计算二者之间的混淆矩阵，表 5-4 给出了不同作物类型的总体精度。由表 5-4 可知，4 种类型的地物分类精度均在 85%以上，尤其是苜蓿，精度达 93%以上。

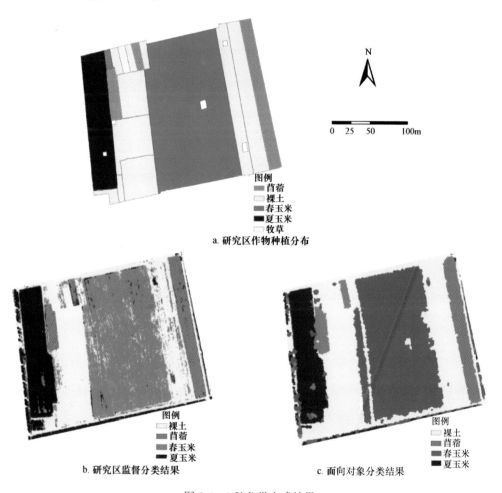

a. 研究区作物种植分布

b. 研究区监督分类结果

c. 面向对象分类结果

图 5-6　2 种分类方式结果

表 5-4　不同分类方法作物面积分类精度

分类方法	分类精度/%			
	苜蓿	裸土	春玉米	夏玉米
监督分类	93.01	86.64	88.85	86.67
面向对象分类	94.93	93.90	90.3	92.61

2. 面向对象分类

采用易康（eCognition）软件对无人机影像进行面向对象分类。该软件最基本的过程就是图像分割，在给定的尺度下进行与知识无关的原始影像对象的提取。面向对象是易康的主要特征，因此，第一步就是提取影像对象原型，这样可以生成用于后面分类的原料。这里采用多尺度分割的方法。该方法考虑了地表实体或过程的多层次，克服数据源的固定尺度，采用多尺度影像对象层次的网络结果来揭示地表特征。图像分割的效果将直接影响分类结果的质量。

影像分割时尺度的选择很重要，它直接决定影像对象的大小及信息提取的精度。对于一种确定的地物类型，最优分割尺度值是分割后的多边形既能将这种地物的边界显示得十分清楚，又能最好地表示出这种地物，既不能太破碎，又不能边界模糊。

经过试验，最终确定了以下分割参数：尺度因子为 50，形状因子为 0.9，紧凑度因子为 0.9，分割模式为 Normal。确定苜蓿、春玉米、夏玉米和裸土 4 种类别，并选择用于分类的特征空间，包括：红、绿、蓝 DN 值 3 个光谱特征；面积、紧凑度、密度 3 个几何形状特征；同质性 1 个纹理特征。

选择与监督分类同一区域的地块作为分类对现，执行面向对象的分类任务，结果如图 5-7c 所示。

由于面向对象分类不是以像素，而是以分割后的影像对象为分类单元，相比监督分类而言，其分类结果一般都是大片相连的，在很大程度上减少了混杂不清的现象。同样用地面测量结果对其精度进行验证，结果如表 5-4 所示，总体精度达到 92%以上。从这可以看出，对于无人机影像，由于其有非常高的地面分辨率，采用常规的基于像素的监督分类方法，往往会造成作物分类结果碎片化（椒盐效应）、分类精度不高、分类结果不易矢量化、与地理数据库难以有效整合；而面向对象分类将地面分为一个个具有特定属性的"对象"，综合考虑"对象"的光谱、纹理、拓扑关系等，其分类结果更加符合实际情况和应用需求，具有更高的精度，是高分辨率遥感影像作物分类提取的理想方法。

5.2.6 小结

无人机影像在农业遥感监测领域的应用具有巨大的优势和广阔的前景，它相比卫星影像具有更高的地面空间分辨率，并能带来卫星遥感所不具有的农作物精细纹理等额外的遥感信息，可以很好地应用于精细农业遥感监测领域；同时，无人机影像还能很方便地应用于统计某一地区作物的种植结构、作物长势等信息，为大范围农作物种植及长势、产量等信息的计算提供依据；它还能提供地面农作物样方数据，克服传统 GPS 地面样方调查效率低、范围小的缺点，并为缺失卫星影像区域的作物信息空间抽样提供信息。本章从无人机影像获取与处理方法、几何校正精度、面积量算精度、监督分类和面向对象分类方法对无人机影像农作物分类的精度等方面进行了研究，探讨了无人机影像在农情监测方面的可行性和精度。

无人机影像几何校正方面，采用无控制点条件下的 POS 辅助空三方法，经过影像筛选、相机参数检校输入、自动空三与加密点计算等步骤，得到测区 DEM 和 DOM，并采用 WorldView 影像进行配准精校正，最后成果平面位置总体精度达到 2.32m，满足农业遥感监测对影像定位精度的需求，在依据 DOM 制作的数字线划图上进行面积监测，能达到 98.77%的精度，减小了农作物农情定量分析中由于面积不准确而造成的误差。

无人机影像在农情监测中的应用方面，依据无人机影像进行了农作物分类提取方面的研究，采用监督分类方法分类总体精度为 87%，而采用面向对象分类方法分类精度达到 92%以上，且其分类效果明显优于监督分类，没有监督分类中经常出现的"椒盐效应"。在调查效率方面，目前农作物面积地面调查一般采用差分 GPS 进行测量，1 个人力平均 4h 可完成 1 个 25hm² 样方的测量与数据处理；本次航拍用时 2h，获得试验区 1302hm² 影像，后期数据处理时间 12h，单位面积数据获取效率较人工 GPS 测量方法提高了 15 倍。可见，无人机在获取效率方面仍有很大的挖掘潜力。在调查成果方面，GPS 测量方法只能获得样方内土地覆盖的矢量图，采用无人机航拍，还能够同时获得地面同期真实影像，方便调查结果的检验与成果展示。

基于无人机影像的农业遥感监测起步较晚，需要进一步进行的研究和工作还有很多，包括更高精度的正射影像图的制作和获取、更多类型的影像获取（包括红外、多光谱和高光谱、SAR 等）、更多农业方面应用的研究（植被指数、长势评估、产量预测、灾情监测等），这些都是下一步工作的重点。

5.3　Google Earth 影像辅助的农作物面积地面样方调查

5.3.1　研究背景

地面样方调查在农作物种植面积遥感监测中有三方面的作用：一是用于农作物面积遥感解译标志的建立（黄琪和张宗毅，2015；Rovere et al.，2009）；二是用于监测结果的质量检验（张焕雪和李强子，2014；Cracknell et al.，2013）；三是用作无遥感影像覆盖区域的统计抽样样本（Kerdiles et al.，2013）。地面样方调查一般是利用差分 GPS 人工实地测量，采用实时或后差分的方式获得样方内不同地表覆盖的边界，该方法费时费力，样方获取效率低。自 2005 年 Google 公司推出 Google Earth（GE）虚拟地球软件以来，用户可以通过互联网实时浏览和下载高空间分辨率卫星影像，为不同行业的深入应用提供了高分辨率遥感数据基础。基于 GE 影像，许多学者在影像定位精度、工程应用、资源监测等方面都进行了不同程度的研究。

在影像定位精度研究方面，主要是对在线 GE 影像的水平和垂直精度进行评价（Wilver and Cutberto，2014；Benker et al.，2011），Rusli 等（2014）利用 GE 分平原、山地和丘陵 3 种不同地形提取了马来西亚麻坡河流域边界，经与 20m 等高线图对比后，发现 GE、高级星载热发射反射辐射计（advanced spaceborne thermal emission and reflection radiometer，ASTER）和航天飞机雷达地形测绘使命（shuttle radar topography mission，SRTM）得到的流域边界基本一致，由此认为利用 GE 提取的 DEM 数据与其他方式获得的 DEM 一样可靠。在工程设计方面，主要是结合 GPS RTK 实测技术在 GE 影像精度评价基础上进行工程化应用（颜小平等，2013）。王一波等（2010）针对铁路建设可研阶段纸质地图陈旧、线路方案比较缺乏直观性等问题，通过对 GE 影像和三维地形数据正确性、可靠性及精度分析比较，确定了 GE 资源应用于铁路选线设计的可行性、有效性及具体范围，认为利用 GE 资源，可帮助设计人员实现二维选线向三维选线转变，有效地解决了当前铁路选线设计中存在的问题，提高了铁路设计效率，具有广泛的应用前景。在资源监测方面，主要是采用不同遥感影像分类方法获取城市分布与扩张、农业灌溉设施、森林种群分布、渔捞捕获量和泥石流监测等空间分布数据，如 Lu 等（2014）基于 2003 年和 2010 年 Landsat 影像，采用随机森林算法对昆明市的土地利用动态进行了监测，在监测过程中利用 GE 影像选取了约 3000 个样点用以分类训练和验证，总体精度达到 82%，并得到 2003 年森林覆盖面积较 2010 年降低 1.5%的结论。为方便使用 GE 资源，许多学者对 Google Earth 软件进行了二次开发，主要集中在用户接口、成果共享、虚拟路线及 GIS 整合等方面，如 Yang 等（2012）通过将 GE 数据整合到 WebGIS 平台，开发出了血吸虫风险评估系统，该系统具有搜索、评估、风险分析和预测功能，实现了对血吸虫病准实时动态监测和早期预警。

上述研究，对 GE 影像应用的重点仍是基于高分辨率影像的分类应用，或者是对在线数据进行精度评价 2 个方面；对地面样方应用的重点是采用 GPS RTK 方式实测，或者基于在线数据进行样点调查。在影像数据定位和面积精度系统分析基础上，进行地面样方辅助制作的研究相对较少。本章采用 GE 影像进行地面样方辅助调查，以期对上述研究进行完善与补充，同时也为提高农业遥感监测业务运行效率提供一个较为可行的应用方案。

5.3.2 研究区概况

GE 影像定位及面积的测试区选在中国农业科学院（万庄）农业高新技术产业园，其位于河北省廊坊市广阳区万庄镇（详见图 2-1），面积大约为 4.2km×3.1km。

测试区及周边地区地形平坦，平均海拔 25m，主要干道均为水泥路面，网络规则，控制点清晰可辨。区内田块大而整齐，主要作物有玉米、小麦、苜蓿、大豆等，为样方准确识别提供了便利。

5.3.3　数据获取与处理

在线发布的 Google Earth 影像数据一共包括 0～19 级共 20 级，采用 Web 墨卡托投影（Popular Visualization CRS Mercator），0 级、5 级、10 级、15 级、19 级影像的空间分辨率分别为 $156.3×10^3$m、$4.9×10^3$m、152.9m、4.8m 和 0.3m。本章采用工具软件直接下载的方法获取 GE 影像，为明确表述定位精度与后续通过控制点校正影像精度的差别，将获取的 GE 数据统一规定为 A 级数据，其中 0～19 级的 GE 影像分别称为 A-0 级、A-1 级、A-19 级等。本章使用的是 A-19 级影像，空间分辨率为 0.3m，为表述简洁，下文所说的 A 级影像即表示该数据。

原始获取的 A 级影像与 GE 屏幕实时显示的坐标相比具有偏差，读取 GE 实时坐标，采用一元二次多项式的方法进行几何精校正，共选择了 12 个控制点，控制点布设如图 5-7 所示，校正后的影像名为 B 级影像；A 级影像采用 RTK 数据进行几何精校正，共选择了 12 个控制点，点位分布与 B 级影像控制点位相同，同样采用一元三次多项式进行几何精校正，校正后的影像称为 C 级影像。

图 5-7　测区内控制点与验证点的空间分布

5.3.4 研究方案

1. 基本原理

对 GE 影像主要采用在线标记、离线缓存、屏幕截图及数据下载等 4 种应用方式。在线标记是基于互联网模式下使用 GE 客户端提供的工具进行感兴趣区域线划图的制作；离线缓存是在没有网络支持下使用存贮在计算机缓存中的影像进行感兴趣区域线划图的制作；屏幕截图是一种使用截图工具获取当前屏幕显示的图像并对其进行拼接、校正及线划图制作的方法；数据下载是根据 GE 客户端提供的 COM API 接口由客户编程下载影像数据，目前的 GE 影像下载一般是基于这个原理。考虑到 GE 在线坐标、GPS RTK 实测点坐标进行几何校正 2 种方式都能够系统表达上述 4 种方式的几何定位差异，本章对下载数据的几何定位精度采用逐级评价的方式进行研究。

通过工具下载的 GE 影像与在线实时显示的影像存在定位差别，本章规定原始下载的 GE 影像为 A 级影像、经在线 GE 影像控制点校正后的数据为 B 级影像、经 GPS RTK 实测点校正后的影像为 C 级影像。以地面 GPS RTK 实测控制点作为评价依据，参考测绘制图标准，分析 3 个级别 GE 影像的定位精度及制图能力。评价 A、B 和 C 级影像用于地面样方制作的可行性；选择可以用于地面样方制作的 GE 影像进行辅助制图，比较有、无影像辅助下地面样方的调查效率，设计一套适用于高分辨率遥感影像辅助下的地面样方调查方案，服务于我国农业遥感业务工作中的农作物面积监测。

2. 影像定位精度验证

在国内的技术规范中对影像制图点位精度检测和评定方法尚无明确规定，大多数生产单位根据各自的习惯和条件确定其检测方法和质量评定公式，本章以 GPS RTK 实时测量模式获取的地面坐标为精度检验坐标（称为参考坐标），采用中误差评价 A、B、C 级影像的几何定位精度。

GPS RTK 技术是一种采用载波相位观测值进行实时定位的 GPS 相对定位技术，本次测量基准站采用 Trimble 5700，流动站采用 Trimble R8 GNSS，使用通用无线分组业务（general packet radio service，GPRS）网络实现数据链路，基准点坐标引自测区内国家二级三角点。中误差计算公式为

$$m = \sqrt{\frac{\sum_{1}^{n} d_X d_Y}{2n}}$$

式中，m 为中误差；d_X 和 d_Y 分别为 X 和 Y 方向的校正后坐标与参考坐标的差值；n 为测量点的数量。

3. 地面样方制作效率比较

在仅使用 GPS RTK 采集地面样方时，统计地面样方获取的时间；在仅使用 GE 影像辅助条件下，统计地面样方获取的时间；比较 2 种获取方式下地面样方获取时间，以单个样方的平均获取时间作为地面样方的制作效率。

5.3.5　结果与分析

1. 影像定位精度

将 GPS RTK 测点作为对 A、B、C 级影像绝对定位精度评价的依据。获取的 A 级影像与 GPS RTK 测点比较，在比较的 12 个检查点中，X 方向中误差为 482.9m，Y 方向中误差为 112.4m，XY 方向中误差为 232.7mm；利用 GE 屏幕上实时读取控制点进行几何精校正，即 B 级影像与 GPS RTK 测点比较，在比较的 12 个检查点中，X 方向中误差为 10.7m，Y 方向中误差为 3.1m，XY 方向中误差为 5.4m；利用 GPS RTK 实测的控制点进行几何精校正，即 C 级影像与 GPS RTK 测点比较，在比较的 12 个检查点中，X 方向中误差为 1.1m，Y 方向中误差为 1.6m，XY 方向中误差为 1.0m。表 5-5 列出了不同定位精度级别 Google Earth 影像的中误差。

表 5-5　不同级别 Google Earth 影像与 GPS RTK 实测结果比较的中误差

影像级别	检查点数	X 方向/m	Y 方向/m	XY 方向/m
A	12	482.9	112.4	232.7
B	12	10.7	3.1	5.4
C	12	1.1	1.6	1.0

根据我国《数字航空摄影测量　空中三角测量规范》（GBT 23236—2009）的规定，1∶10 000 平地的平面位置中误差不大于 3.5m，1∶25 000 平地的平面位置中误差不大于 8.75m。图 5-8 为原始 A 级影像与 B 级影像定位精度比较图，从图 5-8 中可以看出，直接获取的 A 级影像定位精度偏差较大，不能满足大比例尺测图的要求，B 级影像可以满足 1∶25 000 比例尺测图的要求，C 级影像可以满足 1∶10 000 比例尺测图的要求。

为进一步说明 GE 影像自身的能力，为简化后续应用中地面实际测量的工作流程提供依据，本章采用 GE 影像在线坐标作为精度验证点，共 12 个检查点，对 B 级影像相对校正精度进行了分析。针对 B 级数据，读取检查点位置的在线坐标，采用检查点数据对几何校正后精度进行比较，平均最小中误差为 0.5m，平均最大中误差为 1.0m，XY 方向的平均中误差为 0.5m；如果以相对精度来衡量，那么 B 级数据符合 1∶2000 测图规范的要求。农作物面积样方调查中更注重年度间相对

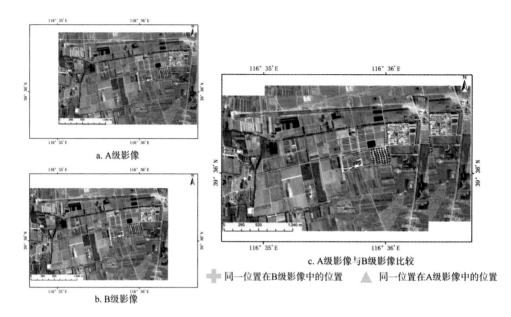

图 5-8 原始获取的 A 级影像与 B 级影像定位精度比较

变化量的比较。如果采用制图的方法进行样方调查，就应更注重两个年度间影像的相互匹配精度能否满足测图需要，如果不考虑绝对定标精度，仅说明年度间变化趋势，那么 B 级数据自身形变误差更小，表明采用相对精度的 GE 影像具有更高的制图能力。

2. 影像面积测量精度

在廊坊测区 B 级和 C 级定位影像上，选择较大地块种植结构简单、中等地块种植结构相对复杂、较小地块种植结构复杂的 3 种地块类型进行面积量算，与 GPS RTK 地面实际测量的面积相比进行面积测量精度分析。表 5-6 列出了 3 类地块的面积量算结果与精度。由表 5-6 可知，使用 GE 影像进行面积监测的精度能达到 99.5%以上，且具有田块面积越大、测量精度越高的趋势，说明该方法在区域地面样方调查中的精度是可以保证的。

表 5-6 基于 Google Earth 影像的农作物地块面积测量精度

地块编号	斑块数量	GPS 实测面积/m²	B 级量算面积/m²	B 级精度/%	C 级量算面积/m²	C 级精度/%
1	1	7 406.0	7 413.0	100.0	7 371.9	99.5
2	7	128 533.2	128 758.7	100.0	128 618.2	100.0
3	19	11 807.3	11 590.7	98.2	11 773.6	99.7
平均值	9	49 248.8	49 254.2	100.0	49 254.6	100.0

3. 样方调查效率

以陕西省 2014～2015 年度冬小麦样方调查为具体业务应用对象，统计 GPS 实测、GE 辅助制作两种方式下地面样方数字线划图（digital line graphic，DLG）（图 5-9）制作所耗费的时间，如表 5-7 所示。2014～2015 年度 59 个地面样方中，样方平均面积为 22 4063.2m^2，最小面积为 58 541.3m^2，最大面积为 426 634.5m^2；样方平均斑块数量 22.8 个，最少斑块数量 1 个，最多斑块数量 94 个。采用 GPS 实测方式进行调查，平均耗费时间 41.3min，最少耗费时间 25.0min，最多耗费时间 90.0min；采用 Google Earth 影像辅助的方式调查，平均耗费时间 14.8min，最少耗费时间 5.0min，最多耗费时间 35.0min；GE 影像辅助调查比 GPS 实测方法在时间方面减少了 64.2%，路程节约了 82.5%，调查效率提高了 73.3%以上。

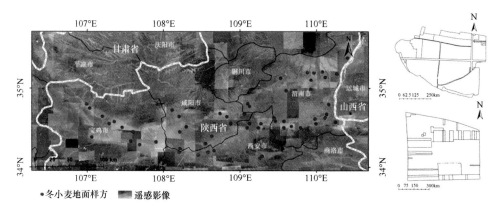

图 5-9　陕西省关中平原区域2014～2015年度冬小麦地面调查样方分布

表 5-7　陕西省关中平原区域 2015 年度冬小麦样方调查效率比较

对比参数	最小值	最大值	平均值
样方数量/个	59	59	59
样方面积/m^2	58 541.3	426 634.5	224 063.2
行走距离/m	1 734.9	10 775.2	2 698.9
斑块数量/个	1	94	22.8
斑块面积/m^2	2 101.6	188 903.0	19 113.6
实测耗时/min	25.0	90.0	41.3
GE 耗时/min	5.0	35.0	14.8

5.3.6　小结

在农业部已开展的全国农作物种植面积遥感监测中，地面样方调查是一项重要的工作内容，传统的地面调查方法需要大量的实地工作，需要耗费较多的人力、物力和时间,对于提高面积监测效率存在一定的制约。本章方法充分运用了 Google Earth 提供的大量免费、高分辨率、高精度的卫星影像进行农作物面积地面样方调查工作,取得了一定的成果。

(1)相比传统方法,调查时间大幅缩短,调查费用和人力消耗也得到了很大程度的降低。按照粗略估计,传统地面样方调查约占监测业务运行时间的 20%。现有地面样方约为 500m×500m,采用差分 GPS 初次布设时,包括样方间的路程在内,3 个人每天可完成 4~6 个样方的测量。按照这个方法,在陕西省地面样方调查中每个样方实际耗时平均 41.3min。本章提出的 GE 影像辅助制图的调查方法,可以将调查时间缩短为 14.8min,时间上可以提高效率 64.2%,是在有限的时间、人力和经济条件下,提高地面样方的调查效率及农作物种植面积遥感监测准确性的手段之一。

(2)在提高调查效率、降低调查耗费的同时,Google Earth 辅助地面样方调查的方法还保持了很高的定位精度和样方面积获取精度。与 GPS RTK 实测的检查点相比,0.5m 以上空间分辨率的 A 级影像 XY 两个方向中误差为 232.7m,B 级影像中误差为 5.4m,C 级影像中误差为 1.0m。B 级影像中误差符合《数字航空摄影测量 空中三角测量规范》1:25 000 平地的平面位置中误差不大于 8.75m 的要求,C 级影像中误差符合 1:10 000 平地的平面位置中误差不大于 3.5m 的要求。在测区内选择结构简单、中等和复杂 3 个程度的样方类型,量算 A 级和 B 级影像的面积量算精度,与 GPS RTK 实测面积比较,精度都在 98.2%以上。从样方相对位置确定、地块和农田边界的修正以及样方作物类型的确定 3 个方面用于地面样方的辅助测量,在业务工作中进行了初步应用,陕西省 2015 年冬小麦种植面积地面样方调查的实际效果表明,GE 影像辅助调查比 GPS 实测方法在时间方面减少了 64.2%,路程节约了 82.5%,调查效率提高了 73.3%以上。

(3)需要明确的问题是,在 GE 数据源限制使用的条件下,本章的方法完全可以推广到其他来源的高分影像,如通过其他来源获取的样方区域 QuickBird、WorldView、GF-2 等高空间分辨率卫星影像,乃至无人机飞行的数据都可以进行地面样方的辅助制作。本章采用 GE 影像主要是因为该数据源获取相对容易,样方面积相对较小,完全可以采用屏幕拷贝的方式获取原始影像,再进行校正也可以获得很好的效果。

第6章 农作物遥感监测分类技术方法研究

6.1 引　　言

农作物分类识别技术是农作物面积提取的关键技术，精确、有效、高效、适合业务化运行的农作物分类识别技术一直是农业遥感监测农作物面积提取的研究重点。

目前应用于农作物遥感监测分类的方法，既有通用的地物分类识别技术，如监督分类、非监督分类等，也有作物遥感特有的分类识别技术，如时序影像作物分类技术等。这些分类识别方法各有其优势和不足之处，在作物的遥感识别过程中，并非一成不变地使用一种方法，而往往是视实际情况，综合优选适合当前研究区作物的分类方法。

本章综合性研究了目视解译方法、时序影像方法、分层决策树方法、基于作物敏感波段的作物分类识别、基于自动决策树的随机森林树法等多种作物识别模型，选取合适的研究区域，对这些方法进行实际的业务运用及验证，研究各类方法的技术流程，评价其精度情况，为作物分类识别及面积提取提供可靠的技术参考。目视解译方法主要是应用于小范围区域，需要作业人员具备一定的专家知识、对研究区作物的情况基本了解，分类精度较高，缺点是需要较多的人力支持、难以运用到大范围区域的作物提取。时序影像方法则利用作物物候周期性变化的特性，根据不同作物不同的 NDVI 时序，区分多种作物，适合于作物分类，具有较高的精度，是作物识别及面积提取的常用方法。分层决策树方法则通过专家知识，根据作物不同时期的特征，逐层建立分类决策，完成作物提取。短波红外及红边波段方法则通过在传统四波段（蓝、绿、红、近红外）影像基础上，研究特殊波段对于不同作物的分类敏感性，评价添加敏感波段后不同分类情况下作物的分类精度提升。随机森林树法则是较新的一种自动决策树构建算法，其基于样本和特征的双重随机抽样，使用类 CART 决策树的构建方式，即具有很高的分类精度，同时分类速度也较快，抗噪声的能力也较强，是一种较为适合业务化运行的分类方法。

6.2 基于目视解译方法的粮豆轮作项目实施效果遥感监测

6.2.1 研究背景

中国粮食生产开始由数量保障型向质量稳定型转变，在非适宜区域适当调减玉米种植面积，转而发展经济和生态效益较高的作物类型，是我国农业生产可持续发展的重要途径。以玉米为例，在东北冷凉区、北方农牧交错区、西北风沙干旱区、太行山沿线区及西南石漠化区域等玉米非适宜种植区域，适当压缩玉米种植规模，扩大经济、生态效益较高的农作物类型，是这些地区农业生产的主要鼓励性政策之一。

农业部于 2015 年在中国东北地区开展的粮豆轮作项目试点工作，采用国家财政补贴鼓励的方式，以地块为单位，调减玉米种植面积，增加大豆种植面积。采用遥感技术对政策补贴区域的地块进行监测，可以准确获取玉米是否调减的信息，具有监测结果客观、成本低、效率高等优势，是项目实施精准补贴落实的有效保障。粮豆轮作项目的遥感监测，本质上包括地块面积精准获取、农作物类型准确识别两个方面，遥感技术在这两个方面都有较多的研究报道。

目前，农作物面积遥感监测技术比较成熟，也得到了比较广泛的应用，但是基于地块精准测量、面向农业政策实施落实效果的遥感监测技术研究相对较少。黑龙江省北安市于 2014 年开展了粮豆轮作试点项目，项目要求在指定的耕地地块内，调减玉米种植面积，改种大豆或其他作物类型，对于调减落实到位的地块国家给予相应的补贴。结合项目要求，为国家补贴资金的精准发放提供依据，也为后续项目推广提供遥感监测技术方案，本章以北安项目区为研究对象，开展了玉米结构调整项目实施的遥感监测方法研究。

6.2.2 研究区概况

北安市隶属于黑龙江省黑河市，于 2015 年被农业部确定为粮豆轮作项目试点县之一。地处北纬 47°35′～48°33′、东经 126°16′～127°53′，面积 7149km^2（图 6-1）。黑土是区内分布最为广泛的土壤，也是主要的宜耕土壤；其次是草甸土、暗棕壤和沼泽土。境内有乌裕尔河、南北河、通肯河等河流，总长 953km。本区地处寒温带，属于大陆性季风气候，冬季、春初、秋末降雨量少，气候寒冷；春末、夏季、秋初气温高，降水多而集中。无霜期 90～130d，全年平均日照 2624h，年降水量 500～700mm。本区地处松嫩平原向兴安山地过渡的中间地带，农业是重要的支柱产业之一，耕地 2333km^2，约占北安市土地面积的 32.7%。主要盛产大豆、玉米、小麦、水稻、马铃薯、甜菜、亚麻及杂粮杂豆。

6.2.3 数据获取与处理

1. 地块信息获取

粮豆轮作项目需落实到具体的地块，地块范围以自然边界和土地所属权人的地块边界确定，由地方政府或项目承担单位具体给出。地块位置一般由地理坐标、

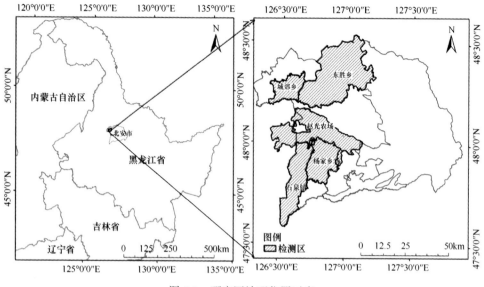

图 6-1　研究区地理位置示意

位图、矢量等 3 种方式给出，需要通过重新定位、投影，在 Google Earth 影像上逐一标出地块边界。各个地块上种植有不同的作物类型，本章将两年的作物类型边界作为地块类型边界，有利于作物种植结构变化的比较。在粮豆轮作项目中，本章定义了两种地块单元，即权属地块及权属地块上叠加了作物类型的地块，将前者称为耕地地块，将后者称为作物地块，进一步明确了粮豆轮作项目的基本单元。2014 年、2015 年度在市域范围所属的城郊乡、东胜乡、石泉镇、杨家乡及赵光农场划定了 89 处耕地地块、924 处作物地块，共计约 11.9 万亩农田作为粮豆轮作试点区域，每个变化地块都可以在两个年度间相对应。图 6-2 给出了耕地地块的空间分布。

2. 遥感数据获取及预处理

研究中共获取了 Google Earth 影像（以下简称 GE 影像）数据、Landsat OLI 影像（以下简称 OLI 影像）数据、RapidEye 影像（以下简称 RE 影像）数据等 3 种遥感数据。其中，GE 影像数据是获取地块信息的主要数据源，OLI 影像数据是作物地块属性识别的主要数据源，RE 影像数据是作物地块属性识别的辅助数据源，所有遥感影像都以 GE 影像为基准进行了几何精校正，并进行了辐射定标、大气校正处理。图 6-3、图 6-4、图 6-5 给出了研究区域 3 种影像示意图。

Google Earth 影像数据获取及预处理。在线发布的 Google Earth 影像数据一共包括 0～19 级共 20 级，采用 Web 墨卡托投影（Popular Visualization CRS Mercator），0 级、5 级、10 级、15 级、18 级、19 级影像的空间分辨率分别为 156.3km、4.9km、152.9m、4.8m、0.5m 和 0.3m。本章采用工具软件直接下载的方法获取，GE 影像

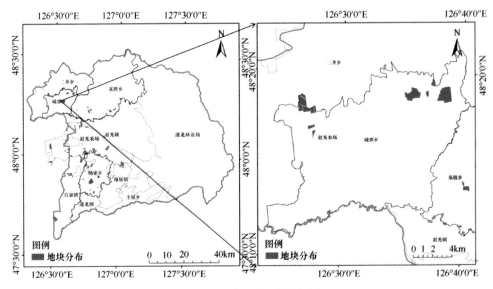

图 6-2 研究区地理位置示意

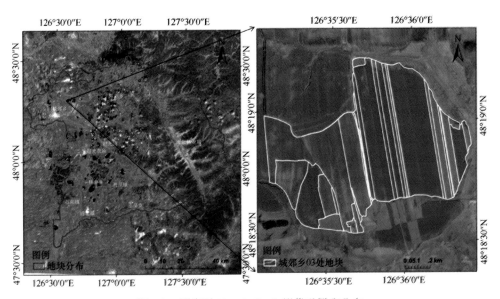

图 6-3 研究区 Google Earth 影像及样方分布

主要使用的是 18 级影像，空间分辨率为 0.5m，时间为 2014 年 8 月 21 日，个别缺失的区域采用 15 级数据补充。

Landsat OLI 影像数据的获取及预处理。OLI 数据是 NASA 于 2013 年 2 月 11 日发射的 Landsat 8 号卫星陆地成像仪传感器数据，空间分辨率 30m，包括 4 个可见光波段（430～670nm）、1 个近红外波段（850～880nm）、2 个短波红外波段（1570～1650nm）。其中，2014 年使用了 6 月 13 日、7 月 15 日、8 月 7 日和 9 月

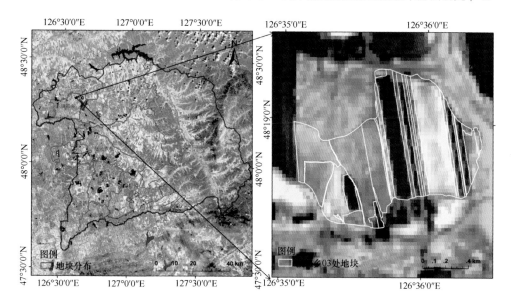

图 6-4　研究区 Landsat OLI 影像及样方分布

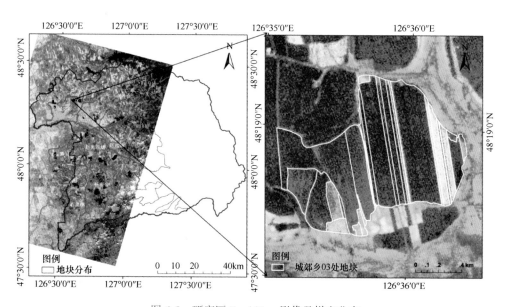

图 6-5　研究区 RapidEye 影像及样方分布

17 日 4 个时相的 8 景数据，2015 年使用了 6 月 16 日、7 月 18 日、8 月 10 日 3 个时相 6 景数据，共有 7 个波段。

RapidEye 影像数据的获取及预处理。RapidEye 影像数据是德国 RapidEye AG 公司于 2008 年 8 月 29 日成功发射的商业卫星星座数据，该卫星是全球第一个由 5 颗卫星组成的卫星星座，空间分辨率为 5m，包括蓝（440～510nm）、绿（520～590nm）、红（630～685nm）、红边（690～730nm）、近红外（760～850 nm）等 5 个波段。其中，2014 年使用了 7 月 27 日的 RapidEye 卫星数据，2015 年未能获取对应的影像。

3. 地面调查

作为业务化运行的基础，研究明确规定至少需要进行 2 次地面调查。第 1 次调查在 2015 年 7 月进行，主要任务是根据影像特征、差分 GPS 测量、问询推断等方法，明确 2014 年、2015 年 2 个年度的耕地地块和作物地块的边界，明确目视识别的影像特征，明确 2 个年度地块属性的变化。第 2 次调查在 2015 年 9 月进行，主要任务是逐地块进行两类地块边界、变化内容确认，完成精度验证工作。差分 GPS 测量是地面调查的一个重要内容，是在遥感数据缺失或者遥感数据空间分辨率不足以反映空间位置信息情况下的外业调绘补充，调查中 GPS 基准站采用的是 Trimble 5700，流动站采用的是 Trimble R8 GNSS，基准点的位置统一采用 Google Earth 影像坐标。

6.2.4 研究方案

1. 技术思路

在地块位置明确的前提下，通过精确的地块测量，研究高效的作物类型变化特征确定方法，形成模式化的监测报告，是粮豆轮作项目遥感监测研究的主要技术思路。地块位置由项目下达单位或者项目执行单位获取，尽管提供的方式各异，但必须具有明确的地理坐标与明确的四至特征，可以保证在遥感图上明确认定。地块测量采用 18 级或 19 级 GE 影像勾绘，由于 GE 影像现实性较弱，可以采用 OLI 和 RE 影像定性确定作物地块的存在，采用差分 GPS 的方式进一步精确定位。在明确 OLI、RE 影像玉米、大豆两种主要作物影像变化特征的基础上，以作物地块为单元采用目视识别的方法确定。对于水稻、马铃薯、高粱等小宗作物与玉米、大豆混淆的情况，在精度确认的环节予以纠正。

2. 地块精准测量

传统的地块精准测量是在精准国家大地坐标的支持下完成的，具有定位和面积的双重精度保证。考虑到粮豆轮作项目要求的是面积精度，定位方面只要求地块位置能够识别，因此本项研究选择了以 GE 影像坐标为统一的坐标体系，避免了获取国家大地精准测量的资质问题，也便于本研究方法的推广使用。根据作者前期的预备性研究，0.3m 空间分辨率的 GE 影像，相对定位精度能够满足我国《数字航空摄影测量 空中三角测量规范》（GBT 23236—2009）规定的 1∶10 000 平地的平面位置中误差不大于 3.5m 的要求，面积监测的精度能达到 99.5%以上，且具有田块面积越大、量算精度越高的趋势。上述研究结果证明采用 GE 影像进行耕地地块、作物地块的测量是可行的。

具体工作流程包括内业与外业两个部分。内业是在室内根据项目区的位置信息在 Google Earth 影像上确定耕地地块边界，再根据 2 个年度遥感影像特征，确定作物地块。外业是在内业完成的基础上，在地面调查过程中对作物单元进行修正或确认，以弥补由于 Google Earth 实时性差，或者由于遥感影像分辨率较低造成的作物地块遗漏、边界偏移等现象。图 6-6 给出了北安市城郊乡某一粮豆轮作项目耕地地块及作物地块的示意图。其中，图 6-6a 是根据 GE 影像勾绘的内业耕地地块，图 6-6b 是根据 RE 影像确定的作物地块，图 6-6c 是根据 2015 年 OLI 影像确定的作物地块，图 6-6d 是外业修正的作物地块结果。由图 6-6 可以看出，随着 GE-RE-OLI-GPS 过程的深入，耕地地块没有变化，但作物地块有 5 块—16 块—14 块—34 块的变化；GE 影像不能真实反映玉米到大豆的变化，但能通过 2014～2015 年 RE-OLI 的变化得到体现，如斜杠阴影区；GPS 实测结果，则使 2015 年 OLI 影像上不能判别的未播种大豆的区域得到测量，如点状阴影区。

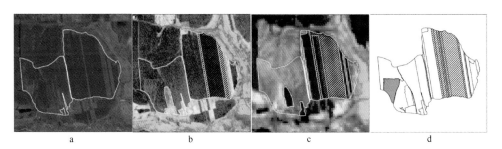

图 6-6　作物地块的识别过程

3. 作物物候特点

玉米和大豆是项目区地块内的两种主要作物类型，此外还有零星的水稻、高粱、马铃薯、蔬菜等作物种植。为配合目视解译过程中作物发育特征的准确判别，下文对玉米和大豆两种主要作物物候特点进行概述。同时考虑到水稻在本区内种植也比较广泛，因此对水稻的物候特征也一并概述。

玉米物候期分为播种期、出苗期、拔节期、抽雄期、吐丝期和成熟期，全生育期约为 150d；播种时段为 4 月 25 日至 5 月 5 日，5 月 20 日至 6 月 25 日为出苗期，6 月 26 日至 7 月 20 日为拔节期，7 月 21 至 9 月 15 日为抽雄期，7 月 21 日至 9 月 25 日为吐丝期，9 月 16 日至 10 月 15 日为成熟期。

大豆物候期分为播种期、出苗期、营养生长期、初花期、终花期、成熟期，全生育期 130d 左右；各个发育时段分别对应为 5 月 5～15 日、5 月 16～26 日、5 月 27 日至 6 月 20 日、6 月 21 日至 7 月 5 日、7 月 6～31 日、8 月 1 日至 9 月 20 日。

水稻物候期分为播种期、移栽期、返青期、分蘖期、拔节期、抽穗开花期、灌浆结实乳熟期、黄熟期，全生育期150d左右；各个发育时段分别对应4月8~20日、5月15~25日、5月22~29日、5月23日至7月6日、7月7~26日、7月30日至8月10日、8月10~28日、8月29日至9月18日，一般于10月16日前收获。

4. 作物类型的判别

作物类型的判别是以作物地块为单元，主要以OLI影像为主、RE影像为辅，结合地面调查，以目视判读的方式进行的。判读的基础是主要作物发育时期差异造成的光谱反射特征的不同，形成了不同季节影像色彩的差异。

多时相的OLI影像能够对多数地块类型进行判别，图6-7给出了北安市城郊乡作物地块2014年6月13日、7月15日、8月7日、9月17日的局部影像，用以说明作物类型的判别过程。由图6-7可见，随着作物由播种—出苗—旺盛生长—成熟的发育进程，红外波段呈现高—低—低—高、近红外波段出现低—高—高—低、短波红外波段呈现高—低—高—高的变化，影像色彩呈现青—黄—黄—黄（青）的变化，是否有作物种植可以明显区别。在作物播种时期，玉米、大豆两种作物反射率变化差异不大，不能有效区分两种作物类型；随着作物进入旺盛生长时期，大豆在近红外波段、短波红外波段明显高于玉米，使得短波红外-红外波段合成的假彩色影像表现出明显的差异，大豆呈现明黄色，玉米呈现暗黄色；随着作物进入成熟收获期，大豆的生理成熟要早于玉米，近红外-短波红外波段反射率迅速下降，红外波段甚至比玉米的反射率更低，使得大豆的假彩色影像呈现青色的裸地特征，而玉米则更显暗黄色。

RE影像由于具有了红边光谱特征，且空间分辨率比OLI影像更高，对细小地物的识别能力也比OLI数据更强。但由于RE影像价格昂贵，不宜作为业务运行的主要数据源，可以作为OLI识别判读的辅助数据源，以减少野外调查的工作量。由于目前粮豆轮作项目并没有对最小地块的大小进行约束，为避免忽略细小地块造成的争议，本章采取地面GPS调查的方式作为最后确定的依据，可以避免细小地块的遗漏，地块判别的标准也更符合农户的要求。

5. 精度验证

精度验证包括面积量算准确性、农作物类型变化准确性两个方面，面积量算准确性在文献中已经说明，能够满足测量精度的要求，这里不再赘述。农作物类型变化准确性是根据地面调查，以作物地块为单元进行计算的。计算公式如下：

$$A = \frac{N_c}{N}$$

式中，A为农作物类型变化准确率；N_c为分类正确的地块数；N为总地块数。

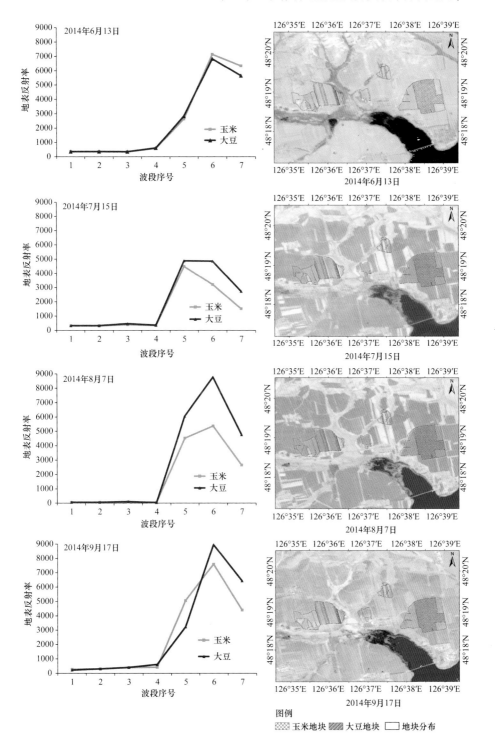

图 6-7　不同时相玉米、大豆反射率的季节变化

6.2.5 结果与分析

1. 粮豆轮作监测结果

项目区涉及城郊乡、东胜乡、石泉镇、杨家乡 4 个乡（镇），赵光农场 1 个农场，共计 924 个作物地块，总面积 95 573.9 亩，主要种植了玉米、大豆和水稻，还有零星的高粱、马铃薯、谷子和其他作物。通过与 4 个乡（镇）、1 个农场的核实，农作物类型变化准确率为 100%。表 6-1 给出了 2 个年度项目区内轮作地块及面积信息。图 6-8 则给出了城郊乡炮台山屯村、东胜乡东民村、石泉镇长发村、杨家乡平安屯等的典型轮作地块监测结果示例。

表 6-1　研究区粮豆轮作监测结果

序号	作物类型		地块/个	面积/亩
	2014 年	2015 年		
1		玉米	62	11 895.0
2		大豆	219	68 560.1
3	玉米	水稻	1	72.9
4		马铃薯	0	0
5		其他作物	0	0
6		小计	282	80 528
7		大豆	77	3 197
8	大豆	玉米	93	10 528.3
9		其他作物	6	1 122.8
10		小计	176	14 848.1
11		水稻	4	197.8
12		玉米	0	0
13	水稻	大豆	0	0
14		其他作物	0	0
15		小计	4	197.8
合计			462	95 573.9

从表 6-1 可以看出，2014 年，玉米和大豆总面积 95 376.1 亩，占项目区总面积的 99.8%；其中，大豆 14 848.1 亩，玉米 80 528 亩，分别占项目区总面积的 15.5% 和 84.3%。2015 年，玉米和大豆总面积 94 180.4 亩，占项目区总面积的 98.6%；其中，大豆 71 757.1 亩，玉米 22 423.3 亩，分别占项目区总面积的 75.1% 和 23.5%。与 2014 年相比，2015 年大豆增加了 56 909 亩，增幅 383.3%，玉米减少了 58 143.1 亩，减幅 72.2%。

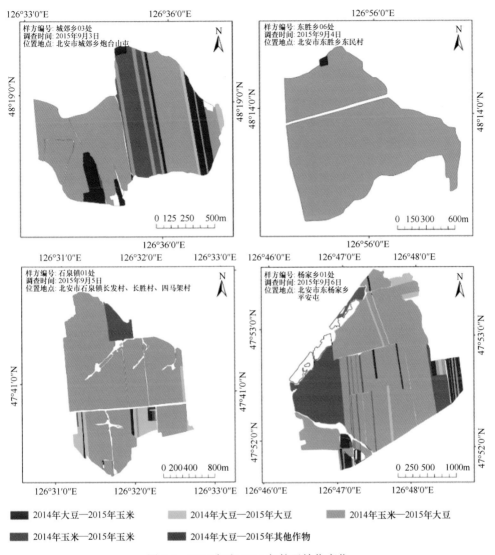

图 6-8 2014 年和 2015 年粮豆轮作变化

从地块改种情况来看，2014 年种植玉米的地块为 282 块 80 528 亩，2015 年继续种植玉米的地块 62 块，面积 11 895.0 亩；改种大豆的地块为 219 块 68 560.1 亩；改种水稻的地块为 1 块 72.9 亩；改种其他作物的地块为 1 块 0 亩。2014 年种植大豆的地块为 176 块 14 848.1 亩，2015 年继续种植大豆的地块 77 块，面积 3197 亩；改种玉米的地块为 93 块 10 528.3 亩；改种其他作物的地块为 6 块 1122.8 亩。2014 年种植水稻的地块为 4 块 197.8 亩，2015 年继续种植水稻的地块为 4 块，面积 197.8 亩。

2. 技术方案效率分析

粮豆轮作项目遥感监测，本质上是作物地块精准测量、农作物类型识别两部分内容的结合。从遥感技术的成熟程度来分析，这两个领域虽然研究较多，但自动化测量与识别的技术距离业务运行还有一定差距。本章将地面 GPS 实测、无人机航拍、监督分类等 3 种方法与本章提出的方法分解为地面调查、作物地块 GPS 实际测量、作物地块 GPS 地面修测、无人机影像获取及预处理、GE 影像获取及预处理、OLI 影像获取及预处理、RE 影像获取及预处理、基于 GE 影像等的作物地块获取、基于无人机影像的作物地块获取、基于地面调查的填图、目视解译、监督分类和精度验证与修正等 13 个步骤，计算每种方法每个过程所耗费的时间，以评价 4 种方法的运行效率。其中，地面 GPS 实测、无人机航拍是根据有限地块的实际测量与飞行时间推算所有地块时间花费的，监督分类的方法则是完全将技术流程运行一次获取的。表 6-2 给出了 4 种监测方案的时间耗费信息。

表 6-2　不同监测方案耗费时间比较

序号	过程名称	各方案耗费时间/h			
		本研究方法	监督分类	地面 GPS 实测	无人机航拍
1	地面调查	120	120	120	120
2	作物地块 GPS 实际测量			240	
3	作物地块 GPS 地面修测	168	168		168
4	无人机影像获取及预处理				528
5	GE 影像获取及预处理	8	8		
6	OLI 影像获取及预处理	16	16		
7	RE 影像获取及预处理	24	24		
8	基于 GE 影像等的作物地块获取	48	48		
9	基于无人机影像的作物地块获取				48
10	基于地面调查的填图			240	
11	目视解译	24	24		24
12	监督分类		72		
13	精度验证与修正	48	48	48	48
	合计	456	528	648	936

由表 6-2 可见，本项研究所提出的方法、监督分类的方法、地面 GPS 实测的方法、无人机航拍的方法，完成全部地块轮作内容的监测分别耗时 456h、528h、648h、936h，与花费时间最长的无人机航拍方法相比较，本章方法效率提高了 51.3%，表明该方案具有较高的效率。从技术容易接受程度来分析，本章提出的方

法数据源获取容易,不需要无人机等特殊的设备,具有方便运行的特点。从人力耗费角度分析,地面 GPS 实地测量是耗费人力成本最高的工作,本方法可以有效降低野外实测的工作量,野外工作大部分是定点与核实的内容,具有人力成本低的特点。

3. 粮豆轮作效果评价

作为项目试点,北安市 4 个乡(镇)、1 个农场 2015 年计划轮作大豆的面积是 47 000 亩。2015 年实际有 68 560.1 亩玉米进行了轮作,较原计划增加了 21 560.1 亩,增加幅度 45.87%。在实地调查中发现,地面农业部门及农户比较认可遥感监测结果,认可的原因是地块面积精准、类型准确,原来有一些虚报的成分被及时纠正,农户信服程度较高,为推动国家政策深入落实奠定了基础。

6.2.6　小结

农作物种植结构调整是我国农业生产可持续发展的重要政策,粮豆轮作项目是大背景下的一个具体实施方案,也是遥感技术发挥客观、准确优势的契机。本章提出了一种基于 GE 影像进行作物地块测量,采用不同空间分辨率遥感影像进行变化识别的技术方案,监测精度能够满足粮豆轮作项目实施效果监测的要求,数据获取容易,技术需求程度低,效率相对较高,具有进一步推广的潜力。

遥感技术在农作物种植结构调整获得广泛应用的前提下,具有较高的政策针对性。在我国,农作物种植结构调整的政策激励主要是补贴的发放,如粮豆轮作项目每亩国家就要补贴 100 元左右,这就要求监测结果的高度准确性。现有农作物面积遥感自动识别技术尚不能达到 100%的准确性,必须通过人工辅助才能达到这一要求。同时,项目补贴不是区域性的,而是以地块为单元的定点补贴,在 2015年年底农业部发布的《关于玉米种植业结构调整的指导意见》中,镰刀湾区域玉米种植减少 5000 万亩的目标都是需要落实到具体地块的。精确性、精准性要求使得遥感监测的单元必须是地块而非像元,才能够对区域补贴效果进行客观地监测。要达到精确性、精准性的要求,现有的遥感自动识别技术最终都需要目视判断来确认,因此本章直接采取目视的方法识别,节约了对自动判读结果再次目视判读的环节,提高了效率。

监测的实际需要将有力促进遥感自动识别技术的进步。本项研究是在遥感技术总体水平限制下所采取的客观技术路线,如果地块自动提取技术、基于对象的自动分类技术较为成熟,将使本章提出的研究方案得到较大的提升。考虑到种植结构调整将是我国在未来很长一个时期的重要政策,遥感技术要发挥更大的作用,必须提高、加强作物类型的自动化识别能力。

6.3 基于 HJ 时序影像的多种农作物种植面积同时提取

6.3.1 研究背景

作物种植面积是制定粮食生产政策和确定粮食贸易数量的重要依据，是农业种植结构调整的基础。遥感技术具有时效性、客观性和可视性特点，逐步与传统的统计调查相融合，在农作物种植面积监测中发挥着越来越重要的作用。我国农作物面积遥感监测业务包括动态监测与本底调查两个方面，动态监测要求在作物生长早期获取当年的播种面积，对时效性要求很高；本底调查则要求在作物生长年内、甚至2~3年内获取全国或某一省区的农作物播种面积，满足作物粮食生产部门或政府决策部门资源清查信息的要求，精度要求相对较高。多时相遥感影像能够充分利用作物不同发育期的季节性光谱差异，进一步提高作物面积识别精度与效率，在作物本底调查中具有较好的应用潜力。

高时间频率的中高空间分辨率遥感影像可以提供更为准确的作物面积分布数据，但国外提供的中高分辨率遥感影像回访周期较长，如 Landsat 8号卫星的 OLI 传感器回访周期为16d，其他更高分辨率的卫星影像一般也都大于这个周期，加之编程、价格等因素的影响，在作物生长期内可以获得有效数据更少，大大限制了中高分辨率时间序列数据的应用。当前的 HJ-1A、HJ-1B（环境与灾害监测预报小卫星星座 A、B 星）卫星搭载的2台30m 空间分辨率的 CCD（charge coupled device）相机，在红外与可见光谱段设置了4个波段，单台相机扫描幅宽360km，2台 CCD 组网后回访周期为2d（王桥等，2009）。自2008年9月6日发射以来，国内学者迅速将该卫星的高时间分辨率特点用于农作物面积识别方面。王来刚等（2011）利用冬小麦返青时期单时相数据，对河南省冬小麦面积变化率进行了监测，精度达到了96.1%；王琼等（2012）、单捷等（2012）、魏新彩等（2012）、邬明权等（2010）都在2个最佳时相选择的条件下，结合陆表水系数（land surface water index，LSWI）等其他辅助数据，对棉花、水稻等作物面积进行了识别研究，精度最低为80.4%，最高为93.3%。李鑫川等（2013）在对2010年6~9月10景 HJ-CCD 反射率及 EVI（enhanced vegetation index）数据去云重构基础上，采用决策树的方法对黑龙江垦区友谊农场的水稻、大豆和玉米面积进行了识别，总体精度达到96.3%。

上述研究都不同程度地充实了 HJ-1A、HJ-1B 卫星影像农作物面积遥感监测的应用，但针对一个完整的行政单元，多种作物同时提取的研究仍相对较少。从全国农业遥感监测业务运行的角度来看，在以下方面仍有进一步研究的必要。建立研究区贯穿作物发育时期生长特征的标准时间谱曲线，以实现大宗作物的准确识别问题；建立适合于时序影像的快速、直观的分类方法，以提高业务运行效率。本章以河北省衡水市为研究区域，采用覆盖大宗作物完整生育期的 HJ-1A、HJ-1B

卫星 30m 空间分辨率的 CCD 影像，基于 NDVI 变化特征，采用决策树分类技术，对区内冬小麦、夏玉米、春玉米、棉花等大宗农作物及部分小宗作物面积进行了提取研究。

6.3.2　研究区概况

衡水市位于河北省东南部，115°10′E～116°34′E，37°03′N～38°23′N，地处河北冲积平原，地势自西南向东北缓慢倾斜，海拔 12～30m。属大陆季风气候区，四季分明，冷暖干湿差异较大，年日照时数 2400～3100h，年均降水量 300～800mm，1 月平均气温在 3℃以下，7 月平均气温 18～27℃。土地面积 8815km²，耕地面积 57.6 万 hm²，耕地面积约占本市土地总面积的 65.3%。全市潮土亚类占土地总面积的 62.10%，广泛分布于各县市区，是农用土地主要土壤类型；脱潮土面积占全市土地总面积的 20.4%，无洪涝盐碱威胁，多是粮、棉高产区。衡水市是一个农业生产在经济结构中占比例较大的平原农业区，主要农作物有冬小麦、玉米、棉花、红薯、大豆和花生等，近年来以人棚设施为支撑的蔬菜种植也有很大发展。

6.3.3　研究方案

1. HJ-CCD 影像采集与预处理

为了分析全年度 5 类作物在不同生育期的变化特征，本章选取了衡水市 2011 年 10 月 3 日至 2012 年 10 月 24 日的 HJ-1A、HJ-1B 卫星 16 景 CCD 影像。影像通过中国资源卫星中心网站检索获取，以 10% 以下云量覆盖为标准，图 6-9 给出了衡水研究区 2012 年 6 月 11 日 HJ 卫星 CCD 影像图，表 6-3 列出了 16 景影像清单。

在大气校正和几何精校正的基础上，计算每景影像的归一化植被指数（NDVI），计算公式为：NDVI =（Ref4–Ref3）/（Ref4+Ref3），式中，Ref4 和 Ref3 分别为 CCD 第 4 波段和第 3 波段的反射率。为进一步去除 NDVI 时间序列中的噪声，使之更为符合作物生长发育过程，采用 Savitzky-Golay 的方法对 16 景 NDVI 时间序列数据进行平滑。

2. 地面观测数据

地面样方数量及位置的确定。本章从覆盖衡水市的 2302 个 2km×2km 的规则网格中，选择 15 个作为验证样方。验证样方选择的原则兼顾作物空间分布与作物类型的均匀性，每个县至少选择一个样方，位置在县内作物分布的中心区域；区域面积较大的深州市增设了 2 个样方；作物空间分布较为复杂的武强县、阜城县各增设了 1 个样方。

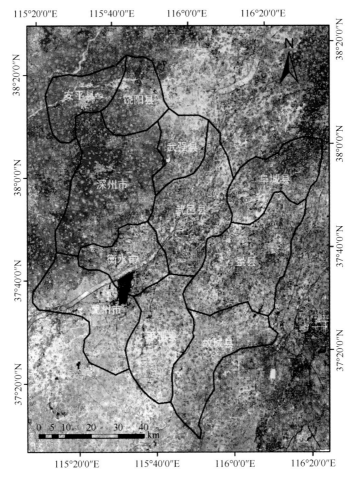

图 6-9 衡水市 2012 年 6 月 11 日 HJ 卫星 CCD 影像图（R/G/B：4/3/2）

表 6-3 衡水市 HJ 卫星 CCD 影像清单

序号	影像传感器与轨道号	获取时间（年-月-日）
1	HA1A-CCD1-457-68	2011-10-03
2	HJ1B-CCD1-456-68	2011-11-13
3	HJ1A-CCD1-457-68	2011-12-17
4	HJ1B-CCD1-1-68	2012-01-04
5	HJ1B-CCD1-1-68	2012-02-01
6	HJ1B-CCD1-2-68	2012-03-27
7	HJ1A-CCD1-4-68	2012-04-13
8	HJ1B-CCD1-457-68	2012-05-03
9	HJ1A-CCD2-2-69	2012-06-11

续表

序号	影像传感器与轨道号	获取时间（年-月-日）
10	HJ1A-CCD2-3-68	2012-07-11
11	HJ1A-CCD1-457-68	2012-08-29
12	HJ1B-CCD1-2-68	2012-09-04
13	HJ1B-CCD1-457-68	2012-09-15
14	HJ1B-CCD1-456-68	2012-09-30
15	HJ1A-CCD1-457-68	2012-10-17
16	HJ1A-CCD2-1-68	2012-10-24

　　地面样方位置、样方内作物类型的确定。利用差分 GPS 野外调绘，结合 5m 空间分辨率的 RapidEye 卫星影像进行现场调查，采用室内解译的方式获取；为保证影像几何位置的精确匹配，所有野外调绘结果、RapidEye 影像都以 2011 年 6 月 8 日的 TM 影像为基准进行了几何精校正，误差都控制在 1 个像元以内。具体过程是，获取衡水市 2011 年 9 月 19 日和 2012 年 9 月 3 日 RapidEye 影像，覆盖研究区土地面积 93.0%以上；研究区东南部、西部、最南端局部地区未能覆盖，安平县、饶阳县局部地区有云覆盖；在几何精校正的基础上，对影像进行拼接与裁切；根据选定的样方位置，利用 Trimble GeoXT 差分 GPS 在野外获取样方位置与主要作物的范围，建立所有作物类型的解译标志；基于 RapidEye 影像，勾绘待分类作物类型，形成验证样方；验证样方获取过程共进行了 2 次，分别在 2012 年 10 月、2013 年的 5 月。图 6-10a 给出了研究区 RapidEye 影像的空间分布、2km×2km 网格及样方分布，图 6-10b 和图 6-10c 给出了 RapidEye 影像解译并经地面校验的样方内作物类型。该地面样方获取方法避免了实测样方工作量大、小块地物遗漏的不足，同时也可以保证验证样方的准确性。

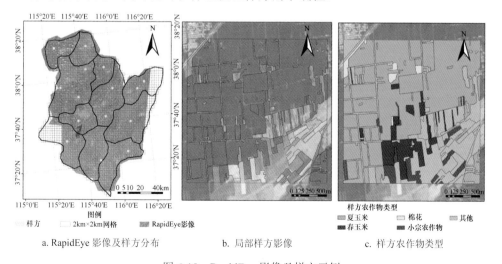

a. RapidEye 影像及样方分布　　　　b. 局部样方影像　　　　c. 样方农作物类型

图 6-10　RapidEye 影像及样方示例

地面样方作物面积数量构成。15 个样方总面积约 6000hm²，其中冬小麦/夏玉米、春小麦、棉花、小宗作物的面积分别为 3597.2hm²、255.5hm²、836.6hm²、314.4hm²，分别占样方总面积的 59.9%、4.3%、13.9%和 5.2%；其他地物类型面积 996.4hm²，占样方总面积的 16.6%。

3. 主要农作物发育期

在衡水地区，冬小麦、夏玉米、春玉米、棉花、大豆和花生 6 种作物中，冬小麦是越冬生长的，一般在 10 月播种，12 月下旬开始进入越冬期，翌年 3 月开始返青生长，4 月进入生长旺期，6 月中旬以前基本收割完毕，生长季近 8 个月（表 6-4）。

夏玉米是在冬小麦收获之后播种的作物，冬小麦/夏玉米轮作类型是华北平原一种主要作物轮作类型，是对该地水热条件利用较为充分的轮作制度；一般在 6 月中旬播种，9 月下旬收获，中间经历了出苗期、拔节期、抽穗期、灌浆期、乳熟期、成熟期等发育时期，生长季近 4 个月。

春玉米（或单季玉米）是近年来种植开始增多的作物类型，每年仅播种一茬，种植的玉米类型较典型夏玉米的发育期要长，一般在 5 月上旬播种，5 月下旬开始出苗，6 月进入拔节期，7 月初正处在抽穗期，8 月中下旬开始乳熟，10 月成熟收获；但目前也有直接播种夏玉米的种植状况。

棉花在本地仅种植一季，一般在 4 月下旬播种，从 8 月中旬吐絮开始进入生长旺期，同时也陆续开始收获，直到 10 月下旬、甚至 11 月中旬才停止，生长季近 6 个月。

表 6-4　研究区主要农作物发育期

作物类型	10月			11月			12月		
	上	中	下	上	中	下	上	中	下
冬小麦（当年）	播种		出苗		分蘖			越冬	

作物类型	3月			4月			5月			6月			7月			8月			9月			10月		
	上	中	下	上	中	下	上	中	下	上	中	下	上	中	下	上	中	下	上	中	下	上	中	下
冬小麦（当年）	返青			拔节			抽穗			乳熟			成熟												
夏玉米										播种			出苗			拔节			吐丝			灌浆		成熟
春玉米						播种		出苗					拔节			吐丝			灌浆			成熟		
棉花				播种			苗期			蕾期			花铃				吐絮					停止		
大豆							播种			苗期			花芽			结荚			鼓粒			成熟		
花生						播种		苗期			下针			结荚				成熟						

大豆、花生在每年一般也仅种植一季，播种期相对分散，在 5 月中旬到 6 月下旬都有播种。收获时间也相对分散，大豆一般在 9 月下旬或 10 月上旬收获，但

10 月茎秆仍留在田中未清理；花生一般在 8 月上、中旬就完成了收割；这 2 种作物发育期、尤其是发育盛期重叠较大。表 6-4 以旬为时间单位给出了衡水市 6 种作物的发育时期。

4. 作物分类方法

冬小麦、夏玉米、春玉米、棉花、大豆和花生等 6 类作物为衡水市待分作物，由于花生和大豆的发育期较为接近，在 NDVI 时序曲线上难以区分，将其合并为 1 类即小宗作物类进行识别，最终确定冬小麦、夏玉米、春玉米、棉花和小宗作物 5 类作物为本章研究的分类对象。分类过程是在城镇和村庄掩膜的基础上，结合地面调查，基于 16 景 HJ 卫星 NDVI 时间序列，提取 5 种作物的标准 NDVI 变化曲线，使用最大值、最小值、峰值数量、峰值出现时间、关键期阈值 5 个方面的统计特征，采用决策树分类的方法完成的。

城镇与村庄的掩膜数据，是利用 5m 空间分辨率 RapidEye 影像，基于面向对象方法，结合目视修正的方法获取的；RapidEye 影像未能覆盖的区域利用 HJ-1A、HJ-1B 卫星 CCD 影像采用目视解译的方式获取。面向对象方法的尺度因子、形状和紧实度 3 个分割参数分别设定为 10、0.5 和 0.1；使用了 NDVI 和斑块同质性 2 个参数进行提取，参数值分别设定为小于 0.2，小于 0.27，分割与提取参数通过目视比较的方式确定，进一步采取目视解译的方法对提取结果进行修正，目视检查准确度在 99%以上。经过掩膜处理，可以避免城镇、村庄内部绿地、行道树等与作物具有类似光谱特征地物的影响。

5. 精度验证方法

基于地面样方数据验证是精度验证的主要手段之一，也是说明分类结果准确程度的指标之一。本章基于地面样方数据，以混淆矩阵、Kappa 系数、总体精度、制图精度、用户精度等 5 种方式表述。

6.3.4　结果与分析

1. 研究区主要作物光谱分析

结合地面样方调查结果，在 15 个样方每类作物的中心位置选择 5 种作物类型样本点，统计每个时期 NDVI 平均值，形成 5 类作物的 NDVI 变化曲线（图 6-11）。由图 6-11 可见，NDVI 在作物生长旺期发育过程中逐渐升高，而后呈现下降的趋势。其中，冬小麦/夏玉米全年呈双峰变化，两个峰值分别出现在 2012 年 5 月 3 日和 9 月 4 日，对应着冬小麦抽穗期和夏玉米乳熟期；最小值分别出现在 3 月 27 日和 6 月 10 日，对应着冬小麦返青期和夏玉米播种期。

春玉米、棉花、小宗作物呈单峰型，峰值出现在 9 月各作物生长旺盛时期，

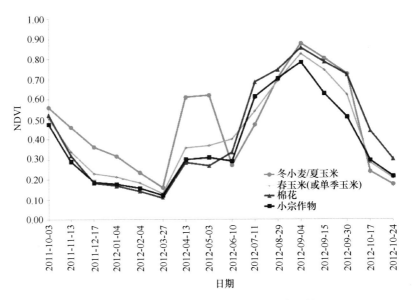

图 6-11　衡水地区主要作物类型 NDVI 变化特征

最小值在 3 月 27 日，是作物播种前备耕整地形成的裸地使 NDVI 值较低。春玉米和棉花的曲线宽度大，下降慢；小宗作物相对较窄，下降快。与夏玉米曲线相比，春玉米峰值相对低些，在 9 月 15 日以后下降相对平缓，与春玉米发育期较长相一致。棉花的谱宽是最大的，从 3 月 27 日一直持续到 10 月 24 日；在高值区持续时间长，从 7 月 11 日到 9 月 30 日，是生育期最长的作物。小宗作物在生育后期的下降速度比玉米、棉花快，体现了生长期相对其他作物短的特征。

2. 基于谱特征的类别提取过程

在上述衡水市农作物 NDVI 分析的基础上，从全生育期时间覆盖的角度，选择了 NDVI 最大值、最小值、峰值数量、峰值出现时间、关键期阈值 5 个参数作为 6 种作物的提取特征。最大值、最小值是在判断波峰数量时使用的。参数阈值的确定首先是根据样本统计值确定初始的阈值，按照图 6-12 所示的决策树分类过程进行分类，采用 15 个样方对结果进行验证，当精度验证结果较低时，重新调整阈值进行分类，当精度改善不大时停止调整，接受目前的分类结果。

首先判断是双峰型还是单峰型。4～5 月的 NDVI 峰值≥0.5，且 8～9 月的 NDVI≥0.7 即为双峰型，其他为单峰型。双峰型为冬小麦/夏玉米种植区域，单峰型为其他作物。在单峰型中，当 7 月中旬或 9 月下旬 NDVI≥0.6 时，如果 6 月上旬或 10 月中旬 NDVI≤0.5，则判定为棉花；如果 8 月下旬或 9 月中旬 NDVI≥0.7，则判定为春玉米。当 7 月中旬或 9 月下旬 NDVI<0.6 时，如果 8 月下旬或 9 月中旬 NDVI<0.7，则判定为小宗作物。

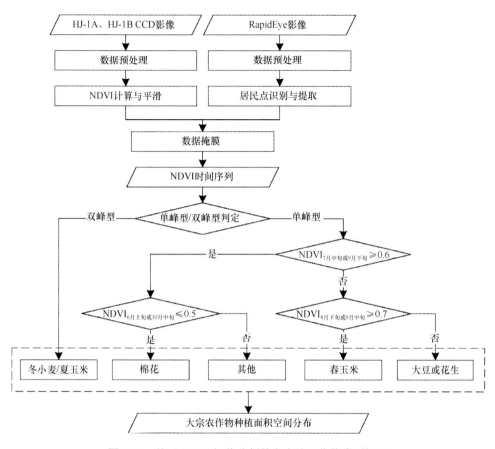

图 6-12　基于 NDVI 阈值分割的衡水地区作物类型提取

3. 分类结果与精度验证

采用上述方法提取了河北省衡水市 2012 年冬小麦、夏玉米、春玉米、棉花、小宗作物（大豆和花生）等类型，图 6-13 给出 5 类作物的空间分布。基于分类结果进行统计，得到了 2012 年研究区 5 种类型作物总播种面积合计 73.48hm^2，冬小麦、夏玉米、春玉米、棉花和小宗作物面积分别为 28.22hm^2、28.22hm^2、2.52hm^2、11.28hm^2 和 3.24hm^2，分别占 5 类作物总面积的 38.4%、38.4%、3.4%、15.4% 和 4.4%。

由图 6-13 可知，冬小麦/夏玉米轮作区主要分布在中部与北部的大部分地区，是传统的冬小麦/夏玉米轮作区域；棉花则主要分布在西南部，这些区域盐碱含量较高，也是传统的棉花种植区域；春玉米在全区都分布，在东北部区域分布较为集中，是衡水市葡萄、蔬菜大棚等经济作物发展较快的区域，种植春玉米省工省劳力，年度间作物调整也较为方便；小宗作物在全区分布也较为均匀，仅在东北部形成了几个相对集中的小区域，与实地调查结果也较为符合。

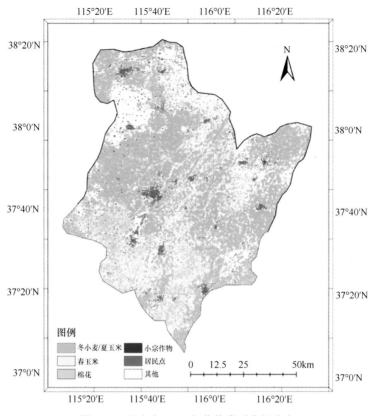

图6-13　衡水市2012年作物类型空间分布

　　总体来看，5 种作物的空间分布格局宏观上与当地作物分布一致，说明该方法具有区域应用价值。

　　采用15个地面样方进行了精度验证，表6-5给出了精度验证结果的混淆矩阵。由表6-5可知，包括其他未分类类型在内，5类作物类型总体精度为90.9%，Kappa系数为0.846，达到了以往文献报道的平均水平。就制图精度来讲，面积比例最大的作物类型识别精度最高，冬小麦/夏玉米、棉花分别为94.7%和86.9%，春玉米和小宗作物则分别为82.4%和81.2%，其他未分类对象为85.9%。

　　从实际分类过程来看，作物面积的识别精度主要取决于每个像元与作物标准NDVI 谱曲线的距离，部分作物由于长势较差而 NDVI 谱曲线特征与其他作物相混淆。目前的标准曲线可以区分出大部分作物类型，如双峰型的冬小麦/夏玉米与其他作物类型差别较大，容易区分，所以精度较高；但对于返青时长势较差的冬小麦类型，其双峰型第一 NDVI 值较低，双峰不明显，与长势较好的春玉米或其他作物有混淆，使分类精度下降。此外，NDVI 谱曲线特征差别小的作物类型，混淆相对更为严重，如春玉米和小宗作物 2 种类型相互混淆，以及与未分类类别（包含部分春玉米和小宗作物）相混淆，比分类精度较高的作物类型更为严重，造成了这 2 种作物类型识别精度相对降低。

表 6-5　农作物面积分类结果精度验证

作物类型	冬小麦/夏玉米/hm²	春玉米/hm²	棉花/hm²	小宗作物*/hm²	其他/hm²	制图精度/%
冬小麦/夏玉米	3406	7	38	21	107	94.7
春玉米	4	211	28	12	9	82.4
棉花	40	9	727	12	7	86.9
小宗作物*	17	6	5	255	17	81.2
其他	130	23	39	14	856	85.9
用户精度/%	95.2	80.0	91.3	85.1	80.6	
总体精度/%	90.9					
Kappa 系数	0.846					

* 小宗作物包括大豆和花生两种作物

6.3.5　小结

本文利用时序影像进行作物面积提取技术研究，得到以下结论。

（1）使用覆盖作物完整生育期的 HJ 卫星时序影像，处理生成 NDVI 时间谱，能够准确刻画华北平原作物发育特征，配合决策树分类方法，能有效区分大宗作物，并对小宗作物也具有一定的区分能力，作物面积提取总体精度较高，验证了使用 HJ 卫星时序影像进行作物面积提取业务化应用的技术可行性。

（2）HJ-1A、HJ-1B 卫星 CCD 影像具有良好的时效性及可获取性，基本满足使用时序影像进行作物分类方法的需求，在数据源方面保证了该方法在农作物种植面积本底调查方面的业务化应用潜力。在业务工作中可以只选择 3～10 月的影像进行大宗作物识别与信息提取。

在使用 HJ 卫星时序影像进行华北平原主要作物种植面积遥感监测的过程中，为了形成业务化流程，避免因片面追求研究区域高精度分类结果而导致方法适用性下降、工作量增大的问题，本章未使用数学方法进行时相的优选，也未在分类结果的基础上，增加人工目视解译工作以提高分类精度。若需要对某一特定区域进行更高精度的作物面积提取，可以在这些方面增加工作量。

利用 HJ 卫星时间序列提取作物面积，还有许多值得改进的地方。对于小宗作物，由于种植时期不完全一致，不同作物NDVI谱曲线会有混淆；小宗作物种植相对较为破碎，背景反射率的影响也较大，会混淆在大宗作物类别中；若要提高精度，需要在后续应用中采用更高分辨率影像，若将反射率特征也作为辅助特征，将获得更高识别精度。就分类方案与方法而言，需要进一步固化输入影像的时间、不同区域本地化的识别特征与阈值，以进一步提高业务运行效率。

6.4 基于分层决策树的高分时序影像农作物面积提取

6.4.1 研究背景

冬小麦是我国主要粮食作物之一，播种面积占我国粮食作物总播种面积的21.5%，产量占粮食作物总产量的20.3%（《2014 中国统计年鉴》）。随着高分辨率遥感卫星数据的应用，利用遥感技术进行作物播种面积监测逐渐成为数据统计途径的重要补充。伴随着遥感数据高空间分辨率、高时间分辨率、高光谱分辨率快速发展的趋势，采用面向对象的分类方法，或者基于高分辨率遥感数据，或者基于多时相遥感数据进行资源分类的研究多见报道，也为农作物遥感监测方法的逐步成熟奠定了技术基础。

综上所述，受到卫星技术手段的限制，以往研究使用的时序影像空间分辨率一般在 30m 以下，更多的是 250~1000m 空间分辨率的数据，在方法上使用分层技术方案的研究相对较少。采用多时相中高分辨率遥感数据源，在面向对象尺度分割的基础上，结合决策树分类技术，面向一个完整的行政单元进行农作物分类识别研究尚未见报道。本章采用中国 GF-1 卫星数据，以北京市顺义区为研究区域，对上述内容进行了较为系统的研究。目的是在结合上述算法优势的基础上，为 GF-1 卫星数据的农业遥感监测应用提供初步的业务流程，为 GF-1 卫星数据应用奠定技术基础。

6.4.2 研究区概况

顺义区位于北京市东北郊，116°28′E~116°58′E，40°00′N~40°18′N，地处冲积平原，地势自西南向东北缓慢倾斜，海拔 12~30m。属暖温半湿润大陆性气候，四季分明。年日照时数 2750h，无霜期 195d 左右。年平均降雨量 625mm，季节分配不均，冬季干旱少雨，夏季潮湿多雨；12 月至翌年 2 月降雨量占年降雨量的 1.6%；6~8 月降雨量占年降雨量的 76%。年平均气温 11.5℃，最热月 7 月 25.7℃，最冷月 1 月–4.9℃，累计年较差 30.6℃，有效积温 4500℃。土地面积 1019.37km²，平原面积占 95.7%，林木覆盖率 35.7%。耕地面积 34 750.75hm²，耕地面积约占本市土地面积的 34.09%。土壤类型以潮土为主。种植的农作物主要有冬小麦、玉米、蔬菜等，多年来北京小麦生产持续下滑，种植面积减少，单产水平下降，虽然近几年单产水平出现恢复性增长，但仍与过去的高产阶段有较大差距。

6.4.3 数据获取与处理

1. 数据获取

高分一号（GF-1）卫星是中国"高分辨率对地观测系统专项"的第 1 颗卫星，

由中国航天科技集团公司中国空间技术研究院研制，于 2013 年 4 月 26 日 12 时 13 分 04 秒由长征二号丁运载火箭成功发射。GF-1 卫星共有 4 台 16m 分辨率多光谱相机（WFV1～WFV4），每台相机 4 个波段（450～890nm），组合起来可以达到 800km 的幅宽，标称重返周期为 4d。

本章选取了 2013 年 10 月 2 日、10 月 17 日、11 月 7 日、12 月 5 日的 GF-1 卫星 4 景 WFV 影像，分别对应播种期、出苗期、三叶期和分蘖期 4 个冬小麦生产或发育期。影像来自中国资源卫星中心推送至农业部遥感应用中心的高分数据，以晴空影像为标准，图 6-14 给出了研究区 2013 年 12 月 5 日 GF-1 卫星 WFV 影像图，4 个时相影像的文件名称、获取时间、传感器名称、轨道号等内容列于表 6-6。

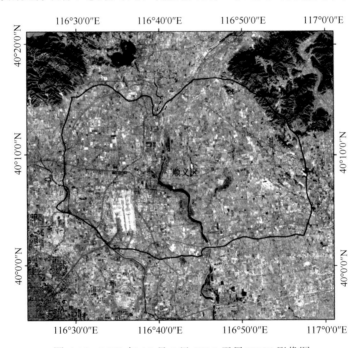

图 6-14　2013 年 12 月 5 日 GF-1 卫星 WFV 影像图

表 6-6　顺义区 GF-1 卫星 WFV 影像

序号	影像传感器与轨道号	获取时间
1	GF1_WFV3_E116.0_N40.5_20131002_L1A0000092666	2013-10-02
2	GF1_WFV1_E117.2_N39.7_20131017_L1A0000098851	2013-10-17
3	GF1_WFV3_E116.7_N40.6_20131107_L1A0000108278	2013-11-07
4	GF1_WFV2_E116.8_N41.0_20131205_L1A0000126756	2013-12-05

2. 数据预处理

对获取的 GF-1 WFV 数据进行辐射定标、大气校正和几何精校正等预处理，全部过程采用农业部遥感应用中心自行开发的高分数据预处理软件进行。

辐射定标采用的公式如下：$L_Z(\lambda_Z) = Gain \cdot DN + Bias$，式中，$L_Z(\lambda_Z)$ 为传感器入瞳处的光谱辐亮度 $[\text{W}/(\text{m}^2 \cdot \text{sr} \cdot \mu\text{m})]$，$Gain$ 为定标斜率，DN 为卫星载荷观测值，$Bias$ 为定标截距，$Gain$ 及 $Bias$ 都由中国资源卫星中心提供。

大气校正采用 6S 大气辐射传输模型进行，需要先利用中国资源卫星中心提供的 GF-1 WFV 传感器光谱响应函数，制作成波谱库文件，输入卫星观测几何及气溶胶模式等参数，运行 6S 模型获取研究区影像地表反射率。与地面观测的地表反射率比较，4 个时相的变化规律相一致，说明大气校正后的 GF-1 WFV 数据可以反映冬小麦光谱的时间变化规律，并用于冬小麦面积提取。

几何精校正首先采用 GF-1 WFV 卫星自带的 RPC（rational polynomial coefficient）参数进行无控制点有理函数模型（rational function model，RFM）区域网平差几何校正，再采用 Landsat 8 OLI 影像作为控制影像进行精校正，平面精度达到在 1 个像元以内，可以满足多时相遥感影像分类所需的亚像素精度要求。

3. 地面样方数据

地面样方数量及位置的确定。制作覆盖顺义区的 2km×2km 的规则网格，共获得 295 个网格，计算每个网格中分类结果获取的冬小麦面积，从小到大进行排序，最小为 0，最大为 45.0%，按照 5% 的比例分级，统计每个级别中的频数，等概率抽取 20 个网格作为样方；不选择边缘位置的网格，按照网格序号，等距离确定各个级别的样方位置，图 6-15a 给出了样方位置分布，其中 10 个作为训练样方，10 个作为验证样方。

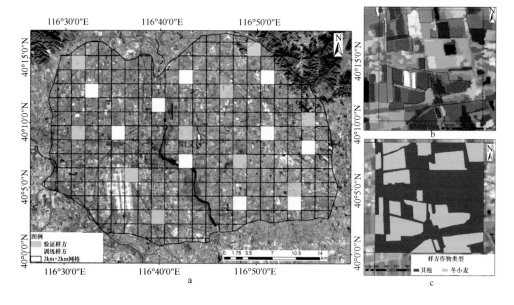

图 6-15　基于 2013 年 12 月 5 日 GF-1 卫星 WFV 影像的顺义研究区样方布设
a. GF-1 影像及样方分布；b. 局部样方影像；c. 样方作物类型

样方内作物类型的确定。在 2013 年 12 月 1 日，利用差分 GPS 野外调绘样方内的冬小麦分布范围，并记录播种时间、其他作物种植等属性，调绘的主要内容包括样方边界范围、种植作物种类和生长情况。10 个验证样方总面积 4000.0hm^2，其中冬小麦面积为 318.0hm^2，其他作物为 3682.0hm^2，分别约占样方总面积的 8.0% 和 92.0%。

4. 冬小麦生育期

北京地区冬小麦一般在 10 月初播种，12 月下旬开始进入越冬期，翌年 3 月开始返青，4 月进入生长旺期，6 月中旬收割完毕，生长季将近 8 个月。研究区冬小麦在播种时间上有较大差异，可以大致分为 10 月 1~5 日、10 月 6~10 日、10 月 11~15 日、10 月 16~20 日 4 个时间段，称为早播、中播、中晚播及晚播。冬小麦播种时间的差异，造成冬小麦在进入越冬期前生长状况的差异，早播与晚播冬小麦的 NDVI 阈值范围差异较大，是采用分段建立决策树分类的基础。顺义地区冬小麦发育时期一般可以分为播种期、出苗期、分蘖期、越冬期、返青期、拔节期、抽穗期、乳熟期和成熟期等 9 个时期，从当年 10 月 1 日开始，到翌年 6 月 30 日结束，分别对应 10 月 1~20 日、10 月 21 日至 11 月 10 日、11 月 11 日至 12 月 10 日、12 月 11 日至翌年 3 月 10 日、3 月 11 日至 3 月 31 日、4 月 1 日至 4 月 20 日、4 月 21 日至 5 月 10 日、5 月 11~31 日和 6 月 1~30 日。

6.4.4　研究方案

1. 基本原理

对象单元获取。采用面向对象的方法，对 4 个时相的 GF-1 卫星 WFV 影像进行尺度分割，分割的尺度因子、形状和紧实度 3 个参数分别设定为 10、0.5 和 0.1，分割参数通过目视比较的方式确定，依据是能够清晰划定所选择 10 个样方中冬小麦地块边缘，分割后的对象作为后续分类的基本单元，分割过程采用易康（eCongnition）软件进行。

决策树分类，以对象为单元，针对研究区冬小麦不同的 NDVI 变化特征，将冬小麦分为早播、中播、中晚播、晚播 4 种播期类型，作为冬小麦分层的基础，在分层基础上，计算每层 4 个时相每幅影像蓝光、绿光、红光和近红外 4 个波段反射率，4 个波段反射率之和，第 4 波段与第 3 波段反射率比值，第 3 波段与第 2 波段反射率比值等 4 类参数，采用决策树分类的方法对冬小麦面积进行提取。

利用 NDVI 分层及决策树参数确定。采用与验证样方类似的过程，以 10 个训练样方中早播、中播、中晚播、晚播 4 种播期冬小麦 NDVI 的统计值，作为 4 种播期类型冬小麦的分层参数，分层参数没有交集且阈值范围连续。针对分层影像，将训练样本其他 4 类 28 个参数的统计特征作为初始值，采用试错法，以每个参数能够最小覆盖验证样本的范围作为决策树拐点阈值，建立研究区冬小麦分类决策树。

2. 典型光谱特征分析

以 10 个训练样方、10 个验证样方为统计对象，统计 4 个时期 NDVI 值、第 1～4 波段反射率、4 个波段反射率之和、第 4 波段与第 3 波段反射率比值、第 3 波段与第 2 波段反射率比值等 5 类共 32 个参数的平均值，图 6-16 列出了 4 个时相 NDVI 值、第 3 波段（红光波段）、第 4 波段（近红外波段）、4 个波段反射率之和、第 4 波段与第 3 波段反射率比值、第 3 波段与第 2 波段反射率比值等参数的动态变化。

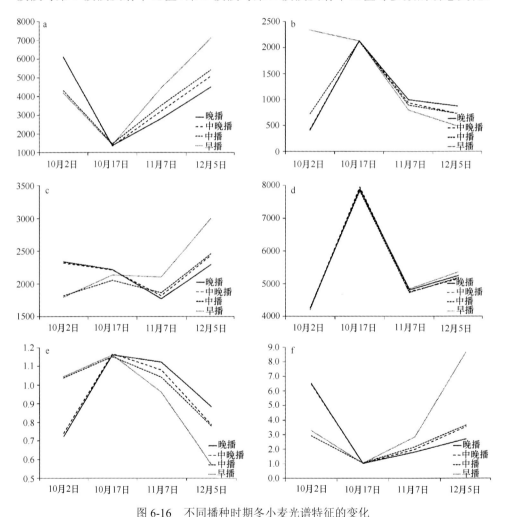

图 6-16　不同播种时期冬小麦光谱特征的变化

a. NDVI；b. 红光波段；c. 近红外波段；d. 4 个波段反射率之和；e. 第 3 波段与第 2 波段反射率比值；
f. 第 4 波段与第 3 波段反射率比值

由图 6-16a 可知，早播、中播、中晚播、晚播 4 种类型的冬小麦 NDVI 值都存在高—低—次高—高的变化趋势，但随着播期越晚，10 月 2 日冬小麦 NDVI 值较高，12 月 5 日的 NDVI 值越低，以晚播冬小麦变化最为明显；这主要是由于冬小麦越晚播，前茬在田的夏玉米收获越晚，导致 NDVI 值增高；夏玉米收获越晚，则播种后冬小麦发育时间越短，后期的 NDVI 值相应地也就越低；GF-1 卫星的 NDVI 变化准确反映了地面农事活动及冬小麦生长早期的发育规律。

由图 6-16b 可知，早播、中播、中晚播、晚播 4 种类型的冬小麦红光（第 3）波段反射率，除早播冬小麦外，其他 3 个播期红光波段反射率都呈现低—高—次高—低的变化特征，这 3 个播种期 10 月 2 日时都尚有部分残余的夏玉米在田，红光仍有一定吸收，反射率较低；而 10 月 17 日时，冬小麦处在播种完毕或出苗时期，红光波段吸收较低，呈现较强的反射率，随着冬小麦逐步发育，11 月 7 日、12 月 5 日红光波段吸收逐渐增强，反射率逐渐降低；10 月 2 日，早播的冬小麦种植区处于裸地状态，红光吸收较少，反射率较高。

图 6-16c 是近红外（第 4）波段反射率，呈现了与红光波段相反的变化趋势，与冬小麦发育规律也较为吻合。

图 6-16d、e、f 是第 1~4 波段反射率的衍生参数，主要是对冬小麦不同发育时期的反射率变化进行拉伸，使播期分层后波谱变化的识别能力进一步提高。由图可见，4 个时相变化趋势虽然一致，但不同播期都有明显的区别，特别以早播冬小麦变化最为显著，这也是本章分层决策的主要原因。

3. 基于决策树的冬小麦面积识别

以对象单元为分类的基本单位，在 4 个时相 NDVI 值域变化特征分层基础上，对第 1~4 波段反射率、1~4 波段反射率之和、第 4 波段与第 3 波段反射率比值、第 3 波段与第 2 波段反射率比值等 5 类 32 个参数进行计算，采用决策树分类方法顺序筛选 32 个参数的阈值，进行冬小麦面积提取。决策树结构如图 6-17 所示，为方便计算，所有数据都扩大了 10 000 倍，下面以早播冬小麦的提取过程为例，概述决策流程，对没有特定阈值范围的参数设定为 ≥0 并且 ≤10 000，在流程图中没有专门画出，在下文的叙述中也不特别说明。

首先，根据训练样方获取的早播、中播、中晚播、晚播 4 种类型冬小麦 NDVI 阈值进行分层，10 月 2 日阈值为<5000、10 月 17 日 ≤2200、12 月 5 日 ≥6000 的 NDVI 阈值范围包括早播冬小麦类型；其次，对第 1~4 波段反射率、1~4 波段反射率之和建立决策分支，12 月 5 日 4 个波段反射率之和 ≥3300 的阈值范围包括了早播冬小麦；最后，依据反射率比值建立决策分支，10 月 17 日第 3 波段与第 2 波段反射率比值 ≥10 600 的阈值范围包括早播类型冬小麦。上述决策树过程可以获取早播冬小麦面积空间分布，其他中播、中晚播及晚播冬小麦面积的识别过程类似，不再赘述，具体参数及阈值范围见流程图。

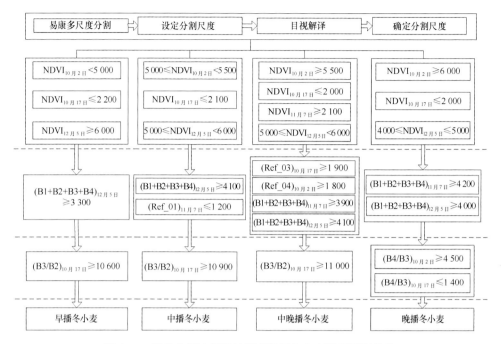

图 6-17　基于分层决策树的顺义地区冬小麦类型面积提取

NDVI 为归一化植被指数；B1+B2+B3+B4 为 4 个波段反射率之和。B3/B2 为第 3 波段与第 2 波段反射率比值；
B4/B3 为第 4 波段与第 3 波段反射率比值；下标为日期

　　对于过渡类型的早播、中播、中晚播、晚播类型，即处在早播与中播、中播与中晚播、中晚播与晚播之间的播期类型，采用 NDVI 分层具有一定的主观性，但通过分层能够进一步区分冬小麦与其他如草坪、桃树、田间杂草的差异，这样的划分也与生产过程相吻合，客观上具有明确的农学意义，用于分类的初步分层是合理的。在进一步的决策树建立过程中，先对 32 个参数设定步长，随机选择 10%的步长组合，计算每种组合的决策结果，依靠 10 个训练样方对结果精度进行验证，选择精度最高的组合作为决策树建立的节点阈值，可以降低人为筛选阈值的工作量，并可计算机编程实现，提高运行效率和业务运行的能力。

　　4. 精度验证

　　基于地面样方数据验证是精度验证的主要手段之一，也是说明分类结果准确程度的指标之一，本章以混淆矩阵、Kappa系数、总体精度、制图精度、用户精度等 5 种方式表述基于地面样方数据精度验证结果。

　　总体精度是指所有被正确分类的像元总和除以总像元数。制图精度是指正确分为 A 类的像元数与 A 类真实参考总数的比率。用户精度是指正确分到 A 类的像元总数与分类器将整个影像的像元分为 A 类的像元总数（混淆矩阵中 A 类的总和）的比率。

6.4.5　结果与分析

采用上述方法提取到北京市顺义区 2013 年冬小麦种植面积，图 6-18 给出了冬小麦空间分布结果，基于分类结果统计得到 2013 年冬小麦种植面积为 7095.0hm^2，与 2013 年统计面积 7503.3hm^2 相比，区域数量精度为 94.6%。由图 6-18 也可以看出，顺义区冬小麦地块比较破碎，主要集中在东部和北部，中部和西南部靠近城区的冬小麦种植面积很小。近 10 年来，顺义区作为北京卫星城之一，城市扩展迅速，导致地块破碎，农作物种植面积大幅度缩小。2013 年度监测结果与顺义区经济发展形势相一致，说明该方法具有区域应用价值。

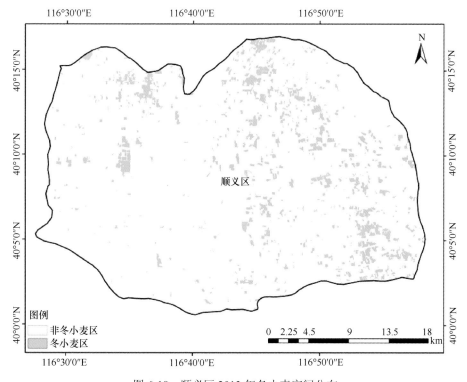

图 6-18　顺义区 2013 年冬小麦空间分布

根据所选择的10个地面样方进行验证的结果表明，冬小麦提取总体精度为 96.7%，Kappa 系数为0.8，达到了以往文献报道的平均水平，表6-7给出了精度验证结果的混淆矩阵。冬小麦和其他地类的制图精度分别为90.0%和97.3%。用户精度分别为77.4%和99.1%。与冬小麦整个发育时期相比较，我们将冬小麦冬前发育时期统称为冬小麦生长早期，在作物面积识别研究中难度较大，本项研究属于这类研究。在研究区中，与冬小麦相混淆的地物类型较多，如草坪、桃树、农田荒地等，如果不进行分层直接采用5类或者4类参数进行分类，波谱覆盖范围宽泛，与其他地物类型的混淆不可避免，本章开始也是采用未分层策略进行分类，精度仅有70%左右。通过分层，特征化了4类播期的冬小麦类型，使混淆于其中的其他地类得以去除，有效地解决了混淆的问题，提高了分类精度。

表 6-7　冬小麦面积分类结果精度验证

作物类型		地面样方		合计	制图精度/%	用户精度/%	总体精度/%	Kappa系数
		冬小麦/hm²	非冬小麦/hm²					
分类结果	冬小麦	286.4（准确提取）	98.4	384.8	90.0	74.4	96.7	0.8
	非冬小麦	31.7	3583.5（准确提取）	3615.2	97.3	99.1		
合计		318.1	3681.9	4000.0（总面积）	—	—	—	—

6.4.6　小结

选择冬小麦越冬前的 10 月 2 日、10 月 17 日、11 月 7 日和 12 月 5 日 4 个时期的 GF-1 WFV 时序影像，分别对应播种、出苗、分蘖、越冬前等 4 个冬小麦发育早期物候，以对象为分类单元，把 4 个时相的 NDVI 值分为早播、中播、中晚播、晚播类型等 4 层，基于第 1~4 波段反射率、1~4 波段反射率之和、第 4 波段与第 3 波段反射率比值、第 3 波段与第 2 波段反射率比值等 4 类 32 个参数，采用决策树分类方法进行了研究区冬小麦空间数量的提取，利用地面样方检验进行检验，总体精度达到了 96.7%，冬小麦制图精度也达到了 90.0%，与前言中所列举的文献研究相比较精度相当；与当年的统计数据相比较，精度也达到了 94.2%，说明利用 GF-1 WFV 时序影像进行早期冬小麦面积识别具有可行性。分类过程中对 32 个参数分别设置 0.05 的步长，选择不同步长的组合进行计算，运算时间可以控制在 3h 以内，该方法便于实现编程，是提高业务化运行效率的基础。

高分一号卫星以 4d 的覆盖周期提供了 16m 空间分辨率的卫星数据，与以往使用 Landsat 系列、SPOT 系列卫星 1~2 个月覆盖周期数据相比较，高分一号卫星数据是中国农业遥感监测业务中获取频率最高的中高分辨率遥感数据源，用于中国农作物面积监测，有效地改善了中国农业遥感监测业务数据长期依赖国外数据源的局面，并提升了中国农业遥感全口径、全覆盖作物的监测能力，已成为实现中国作物一张图目标的有力保障。

由于数据源的限制，以往国外学者多采用中高分辨率时间序列数据进行资源调查、土地利用和城市环境等方面的研究，国内学者多采用 Terra/MODIS 等 250m 或 1000m 空间分辨率数据进行以时间序列方法为主的农作物监测，监测结果作为资源调查、生态分析是可行的，但真正用于农作物面积数据的精确获取则显得不足。本章初步探讨了基于中高空间分辨率时间序列数据进行农作物播种面积的研究，随着 GF-1 WFV 数据的进一步应用，我国在这方面的研究也将进一步得到拓展和深化。

6.5　短波红外波段对农作物面积提取精度影响的研究

6.5.1　研究背景

采用多时相数据（刘吉凯等，2015；王利民等，2015；张健康等，2012）和增加敏感波段（赵春江，2014；凌春丽等，2010；Zhang et al.，2003）是提高农作物面积识别精度的两个主要方面。传统的可见光波段的多光谱卫星载荷一般以蓝（450～520nm）、绿（520～590nm）、红（630～690nm）和近红外（770～890 nm）波段为主（王方永等，2011），短波红外波段为 900～1700nm，由于在植被水分、矿物类型识别上具有较为明显的反射谱特征，除已有的 EOS/MODIS 系列 250～1000m 空间分辨率的传感器具备短波红外探测能力外，越来越多的优于 30m 空间分辨率的卫星开始搭载类似波段的传感器，如美国 NASA 发射的 Landsat 8 号卫星上的陆地成像仪（operational land imager，OLI）传感器、美国商业卫星运营公司 DigitalGlobe 公司发射的 WorldView-3 卫星分别搭载有 2 个（1560～1660nm、2100～2300nm）、8 个（1195～1225nm，1550～1590nm，1640～1680nm，1710～1750nm，2145～2185nm，2185～2225nm，2235～2285nm，2295～2365nm）短波红外波段，为短波红外波段农作物遥感监测提供了数据支撑。当前，对短波红外波段在土壤或植被含水量遥感反演方面应用的研究较多，地表类型识别和高温目标探测也是研究较多的领域。

基于短波红外对不同植被或土壤含水量特征吸收的光谱反应（Amaral et al.，2015；郑长春，2008；林文鹏等，2006），是短波红外植被或土壤含水量反演的主要研究内容，其中又以 MODIS 数据源的使用较多（Wright et al.，1999；Kaufman et al.，1998），如姚云军等（2011）根据土壤水分在 MODIS 第 6、7 短波光谱特征空间中的变化规律，提出了短波红外土壤湿度指数（shortwave infrared soil moisture index，SIMI），利用宁夏平原实测 0～10cm 平均土壤含水量数据验证结果较好，相关系数为 0.62～0.71。在地表识别方面，短波波段应用于森林和矿产类型识别精度提高的研究较多（朱亚静等，2011；Pan et al.，2009），但在农作物识别领域仍以消除水分影响提高监测精度的研究为主（Chen et al.，2005），如郑长春（2008）利用 MODIS 短波数据进行陆地表面水指数（land surface water index，LSWI）辅助的水稻种植面积提取研究，在浙江平原区的精度能够达到 85.0%。此外，短波红外在植被覆盖质量评价、土壤资源潜力评估及高温目标探测等方面也存在着巨大的应用价值（董婷等，2015；Kergoat et al.，2015；Santra et al.，2015）。

随着遥感卫星波段设置的日益丰富，有关不同光谱波段对作物分类识别敏感性的研究越来越受到重视，如刘佳等（2016）研究了 RapidEye 卫星红边波段对农作物面积提取精度的影响，可以为基于特殊波段作物类型精确识别及后期国产卫星传感器波段设置提供理论依据及数据支撑。而作为光谱波段的重要组成部分，对短波红外波段农作物识别能力进行研究，有助于提升农作物面积遥感空间制图精度，提高农作物面积监测效率。本章选择黑龙江省黑河市典型农作物种植区域作为研究区域，基于 OLI 遥感数据源，分别采用单时相和多时相这两种数据源组合方式，比较了没有短波红外参与、1 个短波红外波段参与、2 个短波红外参与等 3 种条件下，玉米、大豆两种大宗作物分类精度的改善情况，以期为短波红外在农作物面积遥感监测中的使用范围提供依据，也为即将发射的国产卫星短波红外波段的设计提供技术依据。

6.5.2 研究区概况

研究区位于黑龙江省黑河市所辖的北安市西北部、五大连池市中南部，地处 48°3′N～48°38′N、126°10′E～127°10′E，面积 4400km²。本区地处寒温带，属于大陆性季风气候，常年平均气温 0.2℃，最低气温−42.2℃，最高气温 37.6℃，无霜期 90～130d，全年平均日照 2624h，年降水量 500～700mm，多集中在春末、夏季和秋初。研究区是松嫩平原向兴安山地过渡的中间地带，耕地 2333km²。黑土是区内分布最为广泛的土壤，也是主要的宜耕土壤，其次是草甸土、暗棕壤和沼泽土。农业是重要的支柱产业之一，主要盛产大豆、玉米、小麦、水稻、马铃薯、甜菜、亚麻及杂粮杂豆，大豆和玉米分别占粮食总播种面积的 28.7%和 58.9%（《黑河市社会经济统计年鉴 2014》）。图 6-19 为北安市在黑龙江省的位置，以及研究区在黑河市所处的具体位置。

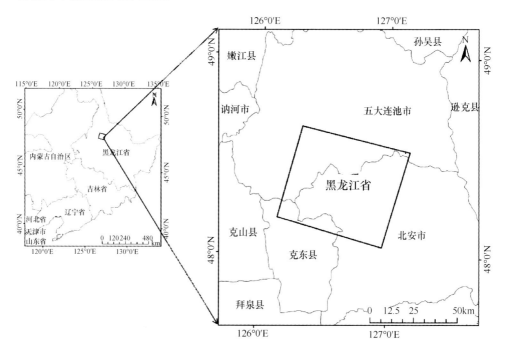

图 6-19　研究区地理位置示意

6.5.3　数据获取与处理

本章主要使用了 Landsat 8 卫星数据，该卫星由 NASA 于 2013 年 2 月 11 日发射，OLI 是其携带的主要传感器，包括 7 个波段，分别是海岸/气溶胶（430～450nm）、蓝（450～510nm）、绿（530～590nm）、红（640～670nm）、近红（850～880nm）、短波红外 1（1570～1650nm）和短波红外 2（2110～2290nm），空间分辨率均为 30m。根据研究区主要农作物玉米和大豆的生育期特征，本章选取了覆盖整个研究区的 2014 年 6 月 13 日、6 月 29 日、7 月 15 日、8 月 7 日和 9 月 17日共 5 景 Landsat 8 OLI 影像，5 景影像均以 10%以下云量覆盖为标准。另外，为了研究单时相情况下短波红外波段对作物识别能力的提升情况，只选取第 219 天的影像作为数据源进行作物识别及面积提取。

进行分类工作前，首先需要对获取的遥感影像进行辐射定标、大气校正和几何精校正处理，全部过程使用 ENVI5.0 软件进行处理。辐射定标采用的公式如下：

$$L = Gain \times DN + Bias$$

式中，L 为传感器入瞳处的光谱辐亮度［W/(m²·sr·μm)］；$Gain$ 为定标斜率；DN为影像灰度值；$Bias$ 为定标截距，$Gain$ 及 $Bias$ 都由卫星数据供应方提供，各波段的值如表 6-8 所示。

表 6-8　Landsat 8 OLI 影像各波段辐射定标系数

波段	定标斜率	定标截距
海岸/气溶胶	0.012 98	−64.899 67
蓝	0.013 292	−66.458 05
绿	0.012 248	−61.240 53
红	0.010 328	−51.641 46
近红外	0.006 320 4	−31.602
短波红外 1	0.001 571 8	−7.859 13
短波红外 2	0.000 529 79	−2.648 95

大气校正采用 ENVI/FLAASH 大气校正模块进行，几何校正采用 ENVI/OLI校正模块进行。

6.5.4　地面样方调查

制作覆盖研究区的5km×5km 网格作为抽样基本单元，网格内的作物面积比例作为抽样参数，采用等概率原则进行地面样方抽样。覆盖研究区的网格单元共计164个，其中110个是完整网格单元。基于监督分类方法获得研究区作物初步分类结果，计算每个网格中的大豆和玉米面积，从小到大进行排序，最小为0，最大为73.5%，按照6%的级差进行分级，统计每个级别中的频数，等概率抽取21个网格作为监督分类的样方，不选择边缘位置的网格。

结合2014年7～9月研究区地面调查获取的解译标志，采用目视解译的方法获得21个样方内玉米、大豆及其他等3种类别分布结果。21个样方总面积525.0km²，其中春玉米面积为149.7km²，大豆面积为156.6km²，其他是指研究区内除大豆和玉米外的其他地物，包括人工次生林、草地、道路、河流、建筑及蔬菜等其他小宗作物等，面积为218.7km²，春玉米、大豆、其他分别占样方总面积的28.5%、29.8%和41.7%，图6-20给出了21个样方位置分布。

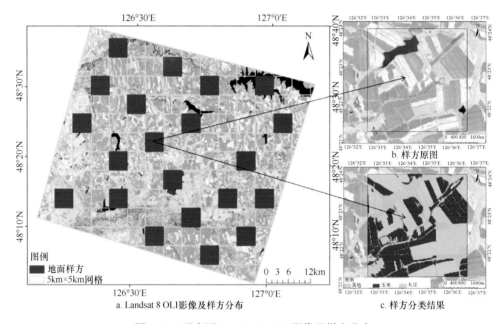

图6-20　研究区Landsat 8 OLI影像及样方分布

6.5.5　研究方案

1. 技术思路

针对研究区内主要农作物类型，利用Landsat 8 OLI影像，选择单时相、多时相两个时间尺度，在海岸/气溶胶（433～453nm）、蓝（450～515nm）、绿（525～600nm）、红（630～680nm）、近红外（845～885nm）5个波段的基础上，在不增加无短波红外波段参与分类、增加1个短波红外波段（SWIR 1：1560～1660nm）参与分类、增加2个短波红外波段（SWIR 2：2100～2300nm）等3种光谱条件下进行作物分类，分析引入短波红外波段后对玉米、大豆两种作物类型识别能力的影响。通过分离度分析引入短波红外波段信息后不同地物间分离距离的变化，以此评价短波红外波段信息对于作物面积提取上的贡献度。分类方法统一采用最大似然分类方法，训练样本采用地面样方调查中获取的 21 个样方数据，并以整个研究区目视修正的结果作为地面真值数据，对分类结果进行精度评价。单时相数据采用 2014 年 8 月 7 日的 OLI 数据，多时相数据采用 2014 年 6 月 13 日、6 月 29 日、7 月 15 日、8 月 7 日和 9 月 17 日共 5 个时相的 OLI 数据。具体比较了以下 2 类 6 种方案。

第一类是单时相影像，3 种波段组合条件下，玉米、大豆作物的分类识别及精度评价。第二类是多时相条件下，3 种波段组合条件下，玉米、大豆两种作物的分类识别及精度评价。通过对分类结果及精度验证结果的分析，研究短波红外波段对农作物识别能力的影响，以及单时相、多时相等多种影像组合条件下短波红外所能起到的作用。

2. 分离度计算

J-M 距离波段指数是选择波段的重要参数，但不是唯一的指标。波段选择的目的是有效地识别地物，因此不能脱离具体的应用目的去评价、选择波段。应结合欲识别的地物，特别是难识别的地物的光谱曲线特点，如吸收峰、反射峰所在的特征波长去有目标地选择波段。特征可分性的判定方法很多，如 J-M 距离、B 距离、离散度、样本间平均距离、类别间相对距离等。相对于其他指标，J-M 距离被认为更适合于表达类别可分性。J-M 距离基于条件概率理论的光谱可分性指标，基于某一特征的两类样本的 J-M 距离计算过程如下所示。

$$J = 2(1 - e^{-B})$$

式中，J 为两个样本在某一特征下的可分离性；B 为在某一特征维上的巴氏距离，具体公式如下：

$$B = \frac{1}{8}(m_1 - m_2)^2 \frac{2}{\delta_1^2 + \delta_2^2} + \frac{1}{2}\ln\left(\frac{\delta_1^2 + \delta_2^2}{2\delta_1\,\delta_2}\right)$$

式中，m_i 为某类特征的均值，其中 i=1，2；δ_i 为某类特征的方差，其中 i=1，2。理论上 J=2 时表明两个类别在所选特征下是完全可分的，J 较小则表明两个类别在该特征下的可分性较差。

3. 精度验证方法

主要基于 5m 空间分辨率 RapidEye 影像，针对整个研究区的玉米、大豆及其他地物类型进行监督分类，结合地面调查，采用目视方法进行了修正，目视解译结果作为研究结果精度验证的数据，图 6-21 给出了基于 RapidEye 影像的目视解译结果。采用混淆矩阵、Kappa 系数、总体精度、制图精度和用户精度 5 种方式进行分类精度的描述和比较。

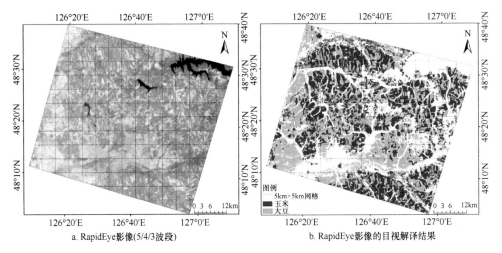

a. RapidEye影像(5/4/3波段)　　　　　　　　b. RapidEye影像的目视解译结果

图 6-21　基于 RapidEye 影像的目视解译结果

6.5.6　结果与分析

基于上述分类方案，本章采用基于最大似然分类器的监督分类方法对研究区 Landsat 8 OLI 影像进行作物面积识别，以 2014 年 8 月 7 日影像作为单时相影像进行面积识别，以全部 5 景影像作为多时相影像进行面积识别。整个研究过程主要包括在对 Landsat 8 OLI 影像进行大气校正等预处理后，利用 ENVI 软件进行监督分类，监督分类过程中，利用等概率提取的 21 个样方作为训练样本，最后将分类结果与整个研究区的目视解译结果进行对比，得到精度评价结果。此外还对分类结果间分离度进行了分析，同时对影像的破碎度也进行了评价。具体包括数据预处理、遥感影像的监督分类、遥感影像目视解译、精度评价和分离度分析等过程。

1. 单时相农作物短波红外面积识别精度分析

选用 2014 年 8 月 7 日的 Landsat 8 OLI 影像，分别使用不含短波红外波段的可见光波段组合影像、可见光+1 个短波红外波段组合影像、可见光+2 个短波红外波段组合影像，使用 21 个训练样方进行最大似然分类方法进行监督分类，为清晰显示分类效果，图 6-22 仅给出了一个网格的监督分类结果。

利用研究区作物面积目视解译结果对单时相影像分类结果进行精度评价，结果如表 6-9 所示，表中 1-5、1-6、1-7 分别代表可见光波段组合结果、可见光+1 个短波红外波段组合结果、可见光+2 个短波红外波段组合结果。从表 6-9 可以看出，单时相影像在引入 1 个短波红外波段后，作物面积提取的总体精度由 87.0% 提高到 90.8%，绝对精度提高了 3.8 个百分点，Kappa 系数由 0.74 提高到 0.82；而玉米的用户精度从原来的 85.4% 提升到 91.5%，提高了 6.1 个百分点，大豆的制图精度从 84.5% 提高到了 91.5%，提高了 7.0 个百分点，且从图 6-22 可以明显看

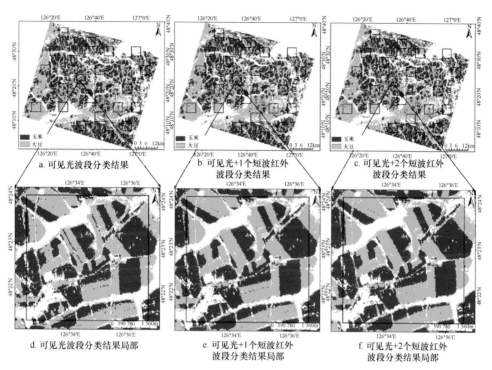

图 6-22　基于最大似然分类算法的单时相监督分类结果

出，引入短波红外后分类噪点减少很多。这表明，短波红外波段信息的引入，可以提高单时相条件下的大豆和玉米分类精度，且有助于抑制"椒盐效应"。而分析引入2个短波红外波段后的作物分类精度结果，可以很明显地看出，2个短波红外波段相比单个短波红外波段，虽然增加了波段信息，但是并没有提高作物的分类精度，分析具体原因，发现在该情况下，2个短波红外波段之间具有很强的相关性，2个波段的相关系数达到0.968，这就导致增加一个波段后，实际上并未增加分类有效信息量，也就无法进一步提高分类精度。

表 6-9　单时相影像三种波段组合分类精度验证混淆矩阵

作物类型	波段组合	玉米/km²	大豆/km²	总计/km²	制图精度/%
玉米	1-5	868.7	148.4	1017.1	89.6
	1-6	875.0	81.7	956.7	90.3
	1-7	874.7	83.4	958.1	90.2
大豆	1-5	101.1	807.1	908.2	84.5
	1-6	94.6	874.0	968.6	91.5
	1-7	94.9	872.3	967.2	91.3
总计	1-5	969.8	955.5	1925.3	
	1-6	969.6	955.7	1925.3	
	1-7	969.6	955.7	1925.3	

续表

作物类型	波段组合	玉米/km²	大豆/km²	总计/km²	制图精度/%
用户精度/%	1-5	85.4	88.9		
	1-6	91.5	90.2		
	1-7	91.3	90.2		
总体精度/%	1-5	87.0			
	1-6	90.8			
	1-7	90.7			
Kappa 系数	1-5	0.74			
	1-6	0.82			
	1-7	0.81			

2. 多时相农作物短波红外面积识别精度分析

选用 Landsat 8 OLI 影像2014年6月13日、6月29日、7月15日、8月7日和9月17日的5景数据，分别选择可见光波段组合、可见光+1个短波红外波段组合、可见光+2个短波红外波段组合作为输入数据源，均采用最大似然分类算法进行监督分类，为清晰显示分类效果，图6-23仅给出了一个网格的监督分类结果。

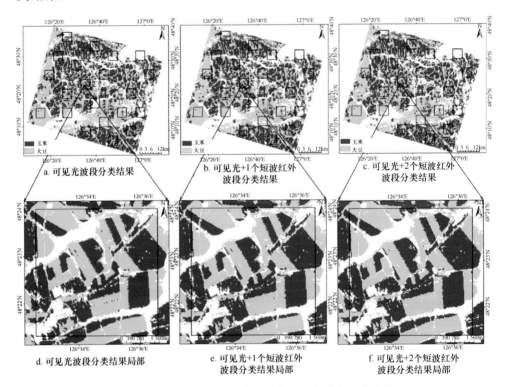

图 6-23 基于最大似然分类算法的多时相监督分类结果

利用研究区作物面积目视解译结果对分类结果进行精度评价，各波段组合条件下的分类精度如表6-10所示，表中1-5、1-6、1-7三项数值分别代表可见光波段组合、可见光+1个短波红外波段组合、可见光+2个短波红外波段组合条件下的结果。由表6-10可以看出，多时相影像引入1个短波红外波段后，作物面积提取的总体精度由92.4%提高到92.9%，绝对精度仅仅提高了0.5个百分点，Kappa系数也仅仅由0.85提高到0.86，同时大豆和玉米的用户精度和制图精度均未有显著的提升；引入2个短波红外波段后，情况与引入1个短波红外波段分类结果类似，均未见显著提升。这表明，在多时相条件下，短波红外波段信息对提高作物识别精度的作用有限。

表 6-10　多时相影像三种波段组合分类精度验证混淆矩阵

作物类型	波段组合	玉米/km²	大豆/km²	总计/km²	制图精度/%
玉米	1-5	885.4	63.3	948.7	91.4
	1-6	888.5	56.6	945.1	91.7
	1-7	889.2	59.0	948.2	91.8
大豆	1-5	83.7	892.9	976.6	93.4
	1-6	80.6	899.6	980.2	94.1
	1-7	79.9	897.2	977.1	93.8
总计	1-5	969.1	956.2	1925.3	
	1-6	969.1	956.2	1925.3	
	1-7	969.1	956.2	1925.3	
用户精度/%	1-5	93.3	91.4		
	1-6	94.0	91.8		
	1-7	93.8	91.8		
总体精度/%	1-5	92.4			
	1-6	92.9			
	1-7	92.8			
Kappa系数	1-5	0.85			
	1-6	0.86			
	1-7	0.86			

3. 不同分类结果分离度比较

为了定量分析短波红外波段对地物差异性的影响，利用J-M分离度算法计算分类结果中地物的分离距离，结果如表6-11所示。可以看出，在单时相的条件下，增加1个短波红外波段后，玉米和大豆的分离度有明显增大，表明短波红外波段信息可以使影像更精准地区分玉米与其他两类地物，短波红外波段对于"大豆与玉米"2种地物的分类贡献较大；而在增加2个短波红外波段后，分离度相比增加1个短波红外条件下没有提升，这也表明在单时相条件下2个短波红外都参与分类对精度的提升作用有限。

表6-11 有无短波红外波段条件下作物分离度结果

分类方式	无短波红外波段	增加1个短波红外波段	增加2个短波红外波段
单时相	1.53	1.93	1.93
多时相	1.93	1.94	1.93

由表6-11同时可以看出，多时相条件下，无短波红外波段条件和有短波红外波段条件下分离度没有变化，这表明在多时相条件下，短波红外信息的引入并未增加不同作物间的分类识别能力，也就无法提高分类精度。这与上述分类精度的评价结果是一致的。

4. 作物反射率结果分析

采用目视解译的5m空间分辨率的影像对2014年8月7日的OLI影像进行掩膜处理，获取了玉米和大豆的7个波段的平均反射率结果，同时也获取了除玉米和大豆以外其他地物的平均反射率结果，一并绘制折线图（图6-24），作为参考以利于后续研究。为便于计算，反射率数据统一扩大1万倍。从图6-24中可以直观地看出第1、2、3、4波段（分别对应海岸/气溶胶、蓝、绿、红波段）三类地物的均值都十分接近，该4波段的数据对于作物识别的贡献度很低，第5波段（近红外）三类地物反射率能够明显分开，在第6、7波段（2个短波红外波段）大豆的反射率均值明显高于玉米。这就表明，利用短波红外可以很好地区分出主要作物与其他地物。目视解译的经验也证明了这一点，以习惯的5、4、3波段假彩色合成，OLI影像的基调总体呈红色，玉米与大豆是根据红色的深浅来区分的，误判率很高；当加入短波波段，以6、5、4波段假彩色合成时，如图6-20b所示，影像上大豆是黄色，玉米是红色，误判率明显降低。

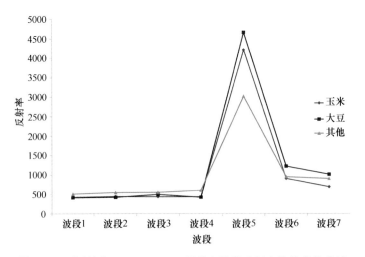

图6-24 不同地物Landsat 8 OLI影像各波段反射率均值变化曲线

由图 6-24 也可以看出，大豆的反射率都是高于玉米，两者的相关性也很高，仅就区分这两种作物而言，2 个短波波段与 1 个短波波段的面积识别精度提升效果有限，全部 5 期影像中，相关性系数分别达到了 0.96、0.98、0.968、0.964、0.97，表明这两个波段之间的相关性非常强，加入第二个短波红外波段，对于增加作物识别有效信息而言作用并不大，前述的精度验证结果也充分说明了这一点。图 6-24 也列出了其他地物类型的光谱特征，根据作者经验，其他地物类型并不是一个纯净的类型，在影像上有人工次生林、草地、道路、河流、建筑及蔬菜等其他小宗作物等，从目前的平均值上分析，与玉米、大豆具有较为明显的分离，但其中包含的某种地物类型，可能会与玉米、大豆相混淆，影响分类精度。本研究就发现其他地物的人工次生林与大豆反射率相类似，如果不做掩膜处理，将对玉米、大豆的识别精度造成很大影响。从这个角度分析，在农作物分类过程中，基于其他来源的辅助数据处理是必要的。

6.5.7　小结

本章通过对单时相、多时相影像条件下，运用不同波段组合影像进行研究区主要农作物玉米与大豆的识别及种植面积提取，研究了不同情况下的作物分类精度情况，以此来评价短波红外波段作物识别能力及适用情况，得到以下结论。

（1）短波红外波段的引入可以提高遥感影像的玉米和大豆的分类识别能力。通过对比单时相条件下，在不使用短波红外波段、使用 1 个短波红外波段、使用 2 个短波红外波段等不同的波段组合情况下，使用相同的样方和分类方法，发现当引入 1 个短波红外波段时，作物面积提取的总体精度由 87.0% 提高到 90.8%，绝对精度提高了 3.8 个百分点，Kappa 系数由 0.74 提高到 0.82，玉米的用户精度从原来的 85.4% 提升到 91.5%，提高了 6.1 个百分点，大豆的制图精度从 84.5% 提高到了 91.5%，提高了 7.0 个百分点；从分离度看，玉米和大豆的分离度从 1.53 提高到了 1.93，表明短波红外波段可以提升玉米和大豆的分离能力。

（2）在引入 1 个短波红外波段的基础上再添加第 2 个短波红外波段，对于提升玉米和大豆的分类识别能力作用有限。通过对引入 1 个短波红外波段和 2 个短波红外波段进行作物识别对比，发现无论是单时相情况下还是多时相情况下，2 个短波红外波段的分类精度并未比 1 个短波红外波段的分类精度高；通过分析 2 个短波红外波段之间的相关性，5 景影像的相关性都在 0.96 以上，表明两者之间相关性很强，因此导致添加第 2 个短波红外波段时作物分类精度提升不明显。

（3）在多时相情况下，短波红外波段的引入对于大豆与玉米的分类精度提升有限，因此在缺少短波红外波段的情况下，可以使用覆盖作物生育期的多时相影像作为替换方法。在不同波段组合的分类精度报告上，不引入短波红外波段、引入 1 个短波红外波段、引入 2 个短波红外波段，不管是总体精度、制图精度，还是用户精度，都没有明显变化。

目前的研究工作主要集中在短波红外波段对于提升玉米及大豆等农作物的分类识别能力上，表明短波红外波段在农作物识别中具有应用潜力。在多时相的试验中，虽然短波红外波段对于作物识别的帮助提升较小，但是，由于短波红外独特的波段特性，可以应用于农作物的旱情监测、土壤墒情监测等工作；同时，短波红外波段对于其他大宗农作物如水稻、小麦等的识别能力还需进行研究。

6.6　红边波段对农作物面积提取精度影响的研究

6.6.1　研究背景

红边波段是介于红光波段和近红外波段之间的波段，波段为690～730nm，植被叶片反射率在红边波段会发生突变，对病害胁迫也较为敏感，且受背景信息影响较小，这些都为红边区域的定量遥感分析提供了理论基础（邹红玉和郑红平，2010；王秀珍等，2002；Elvidge and Chen，1995）。随着遥感技术的发展，越来越多的卫星载荷已经开始通过增加多光谱波段来提高卫星应用能力，如德国RapidEye AG公司的RapidEye卫星（Dupuy et al.，2012）、美国Digital globe公司的WorldView-2卫星（张振兴等，2013）、欧洲航天局（European Space Agency，ESA）的Sentinel-2卫星（Richter et al.，2011），都包含红边波段传感器，为红边波段的作物遥感监测提供了研究与应用基础（Asmaryan et al.，2013；Tigges et al.，2013；Upadhyay et al.，2012）。从已有研究报道分析，红边遥感监测应用主要集中在地表类型识别、农作物参数计算、农作物养分含量监测、农作物病害或环境胁迫监测等方面。

红边波段参与的大宗农作物（Wilson et al.，2014）、湿地（Carle et al.，2014）、林地（Le Bris et al.，2013）、地表覆盖（Kim and Yeom，2014）等内容的分类研究，是当前红边波段研究的主要领域，这些研究都不同程度地说明了红边波段在地类识别中的作用。如Kim等利用RapidEye影像对韩国水稻均匀种植区进行了识别研究，通过由红边波段和近红外波段数据构建的edgNDVI指数实现了对早熟、中熟和晚熟3类不同水稻品种的识别（Delegido et al.，2013；Schuster et al.，2012）；余宝等使用EO-1 Hyperion卫星影像，通过分析油菜花的红边波段特征建立了决策树，对长兴、安吉等地的油菜花种植区域进行了分类提取，总体精度达到92.6%（Bindel et al.，2011）；Yeom（2014）利用RapidEye影像，对韩国水稻种植区域进行分类提取，红边波段的加入可以略微提高分类精度，尤其是在单时相的情况下。红边波段参与的农作物参数遥感反演研究以叶面积指数（leaf area index，LAI）监测为主，主要是通过构建红边波段指数等方式实现对LAI的估算，涵盖了地面高光谱、航空高光谱和卫星影像3个层面的反演研究（Darvishzadeh et al.，2011；黄敬峰等，2006），基于卫星影像的研究主要包括对单一作物（Ali et al.，2015）、混合作物（Kross et al.，2015）和森林（Pu et al.，2015）叶面积指数的提取，提取方法主要是构建土壤调节植被指数（soil adjusted vegetation index，SAVI）和归一化红边指数（normalized difference red-edge index，NDRE）等红边参数。例如，Delegido 等（2013）利用欧洲空间局的 PROBA（project for on-board autonomy）卫星上搭载的高光谱 CHRIS（compact high resolution imaging spectrometer）传感器，通过选择 712nm 的红边波段与 674nm 波段的组合构建归一化红边指数，表明相比传统的 NDVI，该指数与 LAI 具有更高的相关性（相关系数 0.82，而 NDVI 与 LAI 相关系数为 0.68）；Adelabu 等（2014）利用 RapidEye 影像的红边信息在叶面积指数提取结果基础上对非洲热带草原区域树木受虫害取食严重程度进行了分级。

植被 N 含量、叶绿素含量、生物量、作物病害与环境胁迫等，红边波段遥感研究也多有涉及。例如，利用地面高光谱数据进行 N 含量监测敏感参数研究（Huang et al.，2014；Jiang et al.，2007）、N 积累量算法研究（王园园等，2007）、叶绿素含量估算算法研究（冯伟等，2009；Jain et al.，2007）、对比窄波段和宽波段反演效果分析研究（薛利红和杨林章，2008）等；基于地面高光谱的红边信息进行作物不同病害的识别（姚付启等，2009）和病害不同等级的分级（Eitel et al.，2011，2007）研究等；森林环境（Asmaryan et al.，2013）、城市污染（Congalton，1991）等逆境监测的研究表明，基于红边指数可以更早地对受逆境胁迫的树木进行识别。

尽管利用红边波段开展遥感反演、监测研究在各个研究领域及方面都有报道，但由于传感器相对较少、发射时间较短，农作物遥感监测研究总体上仍处于试验起步阶段，利用红边波段提高玉米、大豆等大宗农作面积识别能力的研究相对较少。本章基于 RapidEye 红边波段卫星影像，对研究区大豆、玉米等大宗农作物进行分类及面积提取，与没有红边波段参与的作物分类结果相比较，分析不同作物在红边波段的波段特征差异，定量研究了红边波段对于玉米、大豆及其他地类的识别能力，初步分析了红边波段对于遥感影像作物识别能力提升作用的机理。搭载有红边波段传感器的国产卫星也即将发射，本研究可为同类卫星影像尽快应用于中国大宗农作物面积提取提供参考。

6.6.2　研究区概况

北安市位于黑龙江省黑河市，地处北纬 47°35′～48°33′、东经 126°16′～127°53′，面积 7149km²。黑土是区内分布最为广泛的土壤，也是主要的宜耕土壤；其次是草甸土、暗棕壤和沼泽土。境内有乌裕尔河、南北河、通肯河等河流，总长 953km。本区地处寒温带，属于大陆性季风气候，冬季、春初、秋末降雨量少，气候寒冷；春末、夏季、秋初气温高，降水多而集中。无霜期 90～130d，全年平均日照 2624h，年降水量 500～700mm。本区地处松嫩平原向兴安山地过渡的中间地带，农业是重要的支柱产业之一，耕地 2333km^2，约占北安市土地面积的 32.7%。主要盛产大豆、玉米、小麦、水稻、马铃薯、甜菜、亚麻及杂粮杂豆，是高油高蛋白大豆的主产区，已被列入黑龙江省大豆振兴计划，也是国家新一轮农作物结构调整的主要区域，图 6-25 示意的是北安市在黑龙江省的位置，以及研究区东胜乡的行政边界。

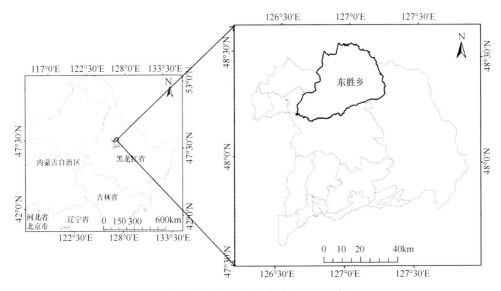

图 6-25　研究区东胜乡地理位置示意

6.6.3　数据获取与处理

1. 遥感数据处理

本章主要使用了 2014 年 7 月 27 日的 RapidEye 卫星数据，该卫星于 2008 年 8 月 29 日发射，是全球第一个由 5 颗卫星组成的卫星星座，空间分辨率为 5m，包括蓝（440～510nm）、绿（520～590nm）、红（630～685nm）、红边（690～730nm）、近红外（760～850nm）5 个波段。对获取的 RapidEye 数据进行辐射定标、大气校正和几何精校正等预处理工作。

辐射定标采用的公式如下：

$$L_Z(\lambda_Z) = Gain \cdot DN + Bias$$

式中，$L_Z(\lambda_Z)$ 为传感器入瞳处的光谱辐亮度［W/(m^2·sr·μm)］；$Gain$ 为定标斜率；DN 为影像灰度值；$Bias$ 为定标截距，$Gain$ 及 $Bias$ 都由卫星数据供应方提供。

大气校正采用 ENVI/FLAASH 大气校正模块进行，将 RapidEye 卫星传感器的光谱响应函数，制作成波谱库文件，输入卫星观测几何及气溶胶模式、光学厚度等参数，将辐射定标后的影像去除大气影响，校正为地表反射率影像。

几何校正则在无控制点条件下采用影像自带的 RPC 参数进行，同时与研究区的本底遥感影像数据进行几何精配准，使其定位精度达到亚像素级，满足遥感影像分类定位精度要求。

2. 地面样方调查

制作覆盖研究区的 2km×2km 网格作为抽样基本单元，网格内的作物面积比例作为抽样参数，采用等概率原则进行地面样方抽样。覆盖研究区的网格单元共计 341 个，其中 244 个是完整网格单元。基于监督分类方法获得研究区作物初步分类结果，计算每个网格中的大豆和玉米面积，从小到大进行排序，最小为 0，最大为 91.11%，按照 9% 的级差进行分级，统计每个级别中的频数，等概率抽取 10 个网格作为监督分类的样方，不选择边缘位置的网格。采用与后续本底调查中同样的目视解译方法获得 10 个样方内大豆、玉米及其他等 3 种作物类型分布结果。10 个抽样样方总面积 40.0km²，其中春玉米面积为 8.72km²、大豆面积为 11.50 km²、其他（指研究区内除大豆和玉米外的其他地物，包括人工次生林、草地、道路、河流、建筑及蔬菜等其他小宗作物等）为 19.78km²，分别占样方总面积的 21.80%、28.75% 和 49.45%，图 6-26 给出了 10 个样方位置分布。

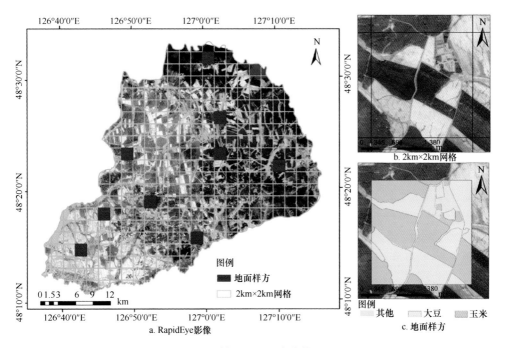

图 6-26　样方位置及农作物识别

3. 作物发育时期

春玉米发育时期，春玉米从播种开始，依次经历出苗期、三叶期、七叶期、拔节期、抽雄期、乳熟期、成熟期等发育时期，研究区每年 4 月下旬开始播种，8 月上旬成熟，9 月下旬以后开始收获。播种-出苗、出苗-三叶、三叶-七叶、七叶-拔节、拔节-抽雄、抽雄-乳熟、乳熟-成熟等 7 个生长阶段历时平均分别为 9d、9d、12d、23d、15d、29d 和 19d，全生育期所需要的时间约为 116d。以北安地区 4 月 25 日播种计算，7 个关键生育期起始日期分别为 5 月 4 日、5 月 13 日、5 月 25 日、6 月 17 日、6 月 22 日、7 月 21 日和 8 月 9 日。

大豆发育时期，大豆从播种开始，一般经历种植期、发芽期、早期生长期、出枝期、开花期、结荚期、收割期等，种植期一般在 6 月，通常在种植 1～2 周内发芽，在发芽后 25d 内为早期生长期，作物高度可以达到 15～21cm。一般在发芽 40d 后，大豆可生长出 1～6 枝。发芽期（6 月中旬至 7 月下旬）和开花期（7 月中旬至 7 月下旬）之间的大豆生长情况将决定大豆开花的数量，并直接影响到大豆的产量；开花期一般在种植后 45～50d，持续约 30d；结荚期一般在 7 月下旬和 8 月上旬，而收割期则一般在 9 月或 10 月。

综合考虑研究区内作物的发育时期，选择位于 7 月 27 日的卫星影像进行作物分类识别。该时期正处于春玉米抽雄-乳熟期及大豆结荚期内，作物生长旺盛，有利于基于遥感影像的农作物识别及面积提取。

4. 作物分类精度验证影像获取

基于监督分类方案，利用选择的样方，采用全部 RapidEye 影像 5 波段数据，获取研究区监督分类结果。基于 2014 年 6 月 13 日、6 月 29 日、7 月 15 日、8 月 7 日和 9 月 17 日共 5 景 Landsat 8 OLI（operational land imager）反映的作物光谱变化特征，结合 2014 年 7～9 月研究区地面调查获取的解译标志、标定结果，逐一网格对 RapidEye 监督分类结果进行目视修正。获取了研究区内 5m 空间分辨率的大豆、玉米和其他地物类型空间分布结果，并将其作为精度验证的真值。采用覆盖研究区本底分布结果作为验证数据，可以避免由于验证样方分布不均匀造成的精度验证结果出现偏差的情况，分析结果更为全面客观。

6.6.4　研究方案

1. 基本原理

利用选择的 10 个地面样方作为训练样本，分别利用 RapidEye 数据包括红边波段在内的全部 5 波段和不含红边波段的 4 波段进行监督分类，以研究红边波段对作物识别的效果及机理。两次监督分类均采用最大似然分类算法，利用研究区内目视解译结果对两次监督分类结果进行精度评价，并通过可分析测度计算分析增加红边波段后不同地物间分离距离的变化，以此评价红边波段信息对于作物面积提取上的贡献度。同时通过破碎度的计算，研究红边波段对于改善作物分类结果景观破碎度的影响，借此分析红边波段参与分类对面积提取精度影响的原因。作物分类使用最大似然分类方法。

2. 精度验证

基于整个研究区的目视解译结果，采用混淆矩阵、Kappa 系数、总体精度、制图精度和用户精度 5 种方式进行分类精度的描述和比较。其中，总体精度是指所有被正确分类的像元总和除以总像元数，制图精度是指正确分为 A 类的像元数与 A 类真实参考总数的比率，用户精度是指正确分到 A 类的像元总数与分类器将整个影像的像元分为 A 类的像元总数（混淆矩阵中 A 类行的总和）的比率。

试验过程中，利用 J-M 距离波段指数，研究红边波段对地表地物类别特征可分性的提升情况；使用破碎度分析方法，研究红边波段对遥感影像作物分类斑块的景观破碎度的改善程度。

破碎度表征分类结果被分割的破碎程度，反映景观空间结构的复杂性。本章引入包括作物分类地块平均面积、平均周长、面积周长比值的方法来研究地块破碎度。由于一般情况下，作物大多分块种植，因此通过破碎度的研究，可以在一定程度上反映引入红边波段后作物分类结果影像的准确性。

6.6.5 结果与分析

基于上述方案，本章采用基于最大似然分类器的监督分类方法对黑龙江省北安市东胜乡 2014 年 7 月 27 日 5m 空间分辨率的 RapidEye 遥感数据进行了作物面积识别。整个研究过程主要包括数据预处理、地面样方建立、遥感影像的监督分类、精度评价和可分性测度分析等过程。

1. 研究区作物分类目视解译结果

基于北安市东胜乡 2014 年 7 月 17 日 RapidEye 影像，采用监督分类方案，结合目视修正的方法，获取了研究区大豆、玉米及其他地物类型空间分布图，图 6-27 给出了研究区目视解译结果。由图 6-27 统计可知，研究区内总面积约 1409.96km²，其中大豆、玉米和其他地物类型面积分别为 342.76km²、335.76km² 和 731.48km²，分别占研究区总面积的 24.3%、23.8% 和 51.9%。该结果可以看作该空间分辨率条件下最高识别能力，在分类方法一定的前提下，其优势是能够抵消由于影像本身造成的分类误差，是用来评价农作物面积提取精度、可分性测度的依据。

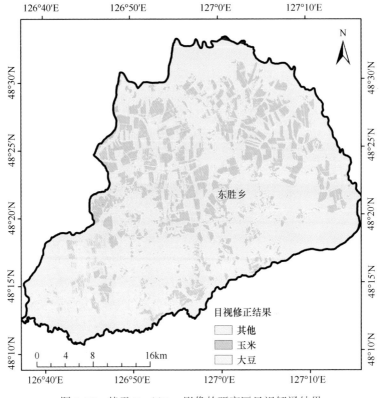

图 6-27　基于 RapidEye 影像的研究区目视解译结果

2. 有无红边波段条件下分类精度比较

分别将 RapidEye 影像的全部 5 波段和不包括红边波段的 4 波段数据作为输入数据，均采用最大似然分类算法进行监督分类，监督分类结果如图 6-28 所示。

利用研究区目视解译结果进行精度评价，有红边波段条件下和无红边波段条件下的分类精度分别如表 6-12 和表 6-13 所示。由表 6-12、表 6-13 可以看出，单时相影像引入红边波段后，作物分类的总体精度由 81.69%提高到 88.36%，绝对精度提高了 8.2%；Kappa 系数由 0.71 提高到 0.81。这表明红边波段的信息确实提高了作物类型的总体精度。具体分析红边波段对不同作物分类结果的影响，可发现引入红边波段后，玉米-大豆、玉米-其他相互的误判面积显著降低，但大豆-其他间的误判面积略有增加，表明红边波段对玉米-大豆、玉米-其他的识别能力较强，但对提高大豆-其他的分类能力帮助不大。根据波段间统计结果分析，可能的原因为：增加红边波段后，由于红边波段中大豆和其他两类地物的反射率较为接近，作为这两类地物主要区分波段的近红外波段在分类整体过程中的权重有所降低，最终导致分类精度的降低。

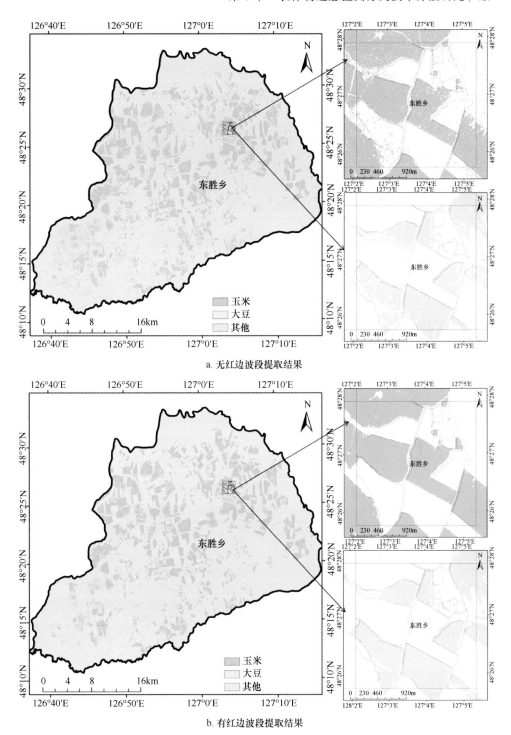

a. 无红边波段提取结果

b. 有红边波段提取结果

图 6-28　基于最大似然分类算法的监督分类结果

表 6-12 有红边波段条件下的分类精度

作物类型	玉米/km²	大豆/km²	其他/km²	总计/km²	制图精度/%
玉米	312.60	4.76	15.64	333.00	93.11
大豆	5.19	294.91	77.45	377.55	86.04
其他	17.93	43.09	638.39	699.41	87.27
总计	335.72	342.76	731.48	1409.96	
用户精度/%	93.87	78.11	91.28		
总体精度/%	88.36				
Kappa 系数	0.81				

表 6-13 无红边波段条件下的分类精度

作物类型	玉米/m²	大豆/m²	其他/m²	总计/m²	制图精度/%
玉米	281.64	54.73	52.25	388.62	83.89
大豆	25.33	251.50	60.61	337.44	73.38
其他	28.74	36.53	618.63	683.90	84.57
总计	335.72	342.76	731.48	1409.96	
用户精度/%	72.47	74.53	90.46		
总体精度/%	81.69				
Kappa 系数	0.71				

3. 不同波段组合可分性测度比较

为了定量化分析红边波段对三类地物可分性的影响，利用 J-M 分离度算法计算三类地物的可分性，有红边波段条件和无红边波段条件下可分性测度如表 6-14 所示。可以看出，增加红边波段后，玉米和大豆、玉米和其他在两种可分性测度算法下的可分性都有明显增大，分别从 0.84 增加到 1.73，从 1.37 增加到 1.81，表明红边波段信息可以使影像更精准地区分玉米与其他两类地物；大豆和其他地物类型可分性略有增大，但增幅很小，从 1.27 增加到 1.29，表明红边波段对于"大豆和其他"两种地物的分类贡献较小，无法显著提高两类的识别精度。这与上文作物分类精度的评价结果是一致的。

表 6-14 有无红边波段条件下不同地物可分性测度结果

方法	无红边波段		有红边波段	
样本类型	玉米	大豆	玉米	大豆
大豆	0.84		1.73	
其他	1.37	1.27	1.81	1.29

4. 破碎度分析

为了评价分类结果的破碎度，分别对有红边波段、无红边波段和目视修正样本影像分类结果进行统计，统计其地块数、总面积和总周长，并计算地块平均面积、地块平均周长和面积周长比。其中目视修正结果作为标准分类结果以供参照。计算结果如表 6-15 所示。

表 6-15　不同分类方法破碎度

统计项	无红边波段	有红边波段	目视修正
地块数	918 579	283 184	194 644
总面积/m²	1 410	1 410	1 410
总周长/km	109 472	54 071	36 858
地块平均面积/m²	1 535	4 979	7 244
地块平均周长/m	119	191	189
面积周长比	13	26	38

由表 6-15 可以看出，引入红边波段后分类结果地块数由 918 579 降低到 283 184。地块平均面积从 1535m² 增加到 4979m²，地块平均周长从 119m 增加到 191m，面积周长比从 13 增加到 26，分别增加了 224.36%、60.50% 和 100.00%，且与标准影像相比，有红边波段的分类结果明显更加符合实际情况，在一定程度上表明红边波段有助于农作物分类精度的提升。地块平均面积、地块平均周长和面积周长比都表明引入红边波段后，影像的分类结果破碎度下降，有效降低了破碎地块数量，有效地抑制了农作物监督分类等存在的"椒盐效应"。

5. 波段反射率变化分析

依据目视解译获取的本底调查分类结果中的"玉米、大豆和其他" 3 类地物，分别统计其 RapidEye 影像 5 个波段的反射率平均值，绘制折线，如图 6-29 所示。

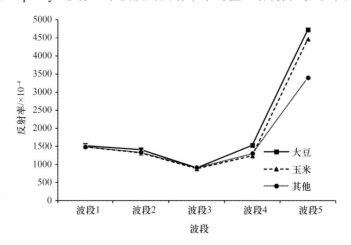

图 6-29　不同地物 RapidEye 影像各波段反射率均值变化曲线

从图 6-29 可以直观地看出，第 1、2、3 波段（分别对应蓝、绿、红波段）3 类地物的反射率都十分接近，这表明，纯粹利用可见光波段数据进行这 3 类地物识别是非常困难的。而在传统卫星大多具备的第 5 波段（近红外），大豆和其他、玉米和其他的差异明显，但是玉米和大豆的差异较小，表明传统第 5 波段卫星影像对于区分识别大豆-玉米的能力较差，这也与本章精度统计结果吻合。而在引入第 4 波段（红边波段）后，可以看出，该波段大豆的反射率明显高于玉米，是大豆-玉米分类精度提升的关键因素。从精度评价结果看，玉米误判为大豆、大豆误判为玉米的面积分别由 54.7km^2 降低到 4.8km^2、由 25.4km^2 降低到 5.2km^2；玉米误判为其他、其他误判为玉米的面积分别由 52.3km^2 降低到 15.6km^2、由 28.7km^2 降低到 17.9km^2。而大豆-其他在加入近红外波段后，分类精度并未提高，一方面是由于大豆-其他的近红外波段反射率很接近，导致两者无法区分；另一方面，考虑到其他地物中包含的矮小人工次生林与大豆的光谱响应较为相似，也是造成大豆-其他光谱虽然有所差异，但分类效果没有显著提升的原因之一。

6.6.6 小结

通过本章研究可以明确，国产卫星传感器中增加红边波段将有利于农作物面积识别精度的提升，有针对性地剔除异物同谱类型、优化分类方案将有助于单时相数据分类能力的提升。

（1）红边波段的引入总体上可以提高农作物面积提取精度，以东胜乡为例，引入红边波段后，农作物面积提取总体精度由 81.69%提高到 88.36%，绝对精度提高了 6.7 个百分点；Kappa 系数由 0.71 提高到 0.81。红边波段对不同种类作物面积识别精度的提高程度是不同的，区分玉米-大豆的能力显著提高，区分玉米-其他地物的能力也有明显的提升，区分大豆-其他的能力没有显著提升。

（2）红边波段的信息可以有效提高不同地物间的可分性测度，J-M 分离度算法下玉米-大豆、玉米-其他的分离度分别从 0.84 增加到 1.73，从 1.37 增加到 1.81，表明红边波段使得玉米-大豆、玉米-其他的区分能力显著增强。红边波段的引入，能显著增强作物的识别能力，有效降低了分类结果的破碎度，在一定程度上能减少遥感影像分类中存在的"椒盐效应"，得到更加科学合理的农作物分布及面积提取结果影像。

（3）单纯从波谱响应角度来分析，红边波段引入能够显著提升玉米-大豆的响应差异，并远远大于其他波段的差异，是提升玉米-大豆、玉米-其他的主要光谱因素。

在本研究的过程中也发现一些问题尚待解决，在某些具体技术方法上存在需要进一步研究提高的地方。

（1）引入红边波段后，单纯利用一种分类方法分类的总体精度确有提高。但在传统近红外波段分类难度较大、异物同谱地表类型存在等场景下，大豆-其他的分辨能力降低，可以考虑在第一次监督分类基础上，对大豆-其他区（即非玉米区）进行第二次分类，并重点使用近红外波段的数据信息，可以进一步对单时相遥感数据的潜力进行挖掘。

（2）通过波段分析及积累的经验，发现一些作物在红边波段具有较大的差异性，特别是豆科作物类型表现得更为明显，该差异产生的生物学机制尚有待深入研究。作物红边波段特征与作物生长状况、植被特征关系的进一步明确，将有助于有针对性地推广红边波段在农作物面积遥感监测中的应用范围，也是红边波段在作物长势、产量等其他农业遥感监测领域应用的基础。

6.7　基于随机森林分类算法的农作物精细识别及面积提取应用研究

6.7.1　研究背景

农业遥感监测农作物面积提取的关键技术是农作物识别分类技术。农作物种类繁多，并且由于都属于植被，光谱差异不显著，对于农作物分类方法的要求较高。传统的分类方法包括监督分类、非监督分类、面向对象分类、决策树分类等多种方法，各具有其优缺点，目前，农业遥感监测农作物面积业务化提取的主要方法包括最大似然分类、支持向量机分类、决策树分类等。而决策树分类方法由于其分类速度快、适用性强等优点，广泛应用于农作物面积提取工作中。决策树分类方法主要包括专家知识决策树、ID3 算法、C4.5 算法、CART（classification and regression tree）算法、随机森林分类（random forest classification）算法等。

刘磊等（2011）基于 TM 影像和专家知识决策树，根据研究区农作物的光谱特征，构建专家知识决策树，成功提取了小麦、大麦、油菜、草场等地物，总体精度达 86.9%，Kappa 系数达 0.8311；唐峻等（2014）基于 MODIS EVI 数据进行植被物候特征参数分析提取，构建专家决策树，结果表明，作物和森林的分类效果较好，总体精度达到了 73.63%；张旭东和迟道才（2014）利用 TM 影像，研究使用 C4.5 算法构建分类决策树，综合使用 MODIS 时间序列数据进行分类，与传统最大似然分类相比，精度更高，与统计数据吻合较好；黄健熙等（2015）基于 GF-1 WFV 单景影像，计算 NDVI，并将原影像进行主成分变换，建立多特征数据集，使用 CART 算法构建分类决策树，提取研究区的水稻和玉米，分类总体精度达到了 96.15%，Kappa 系数为 0.94，与最大似然分类方法相比，精度和 Kappa 系数提高了 5.28% 和 0.08。

随机森林分类算法是一种新型高效的组合决策树分类方法，相比传统的决策树构建方法，其具有训练速度快、实现简单、精度高、易实现并行化、抗噪声能力强的优点，目前在国内外的各领域中得到了广泛的应用。Pal（2005）利用 Landsat 影像，使用随机森林分类算法对土地覆盖进行分类，并与迭代算法、集成学习法、支持向量机法进行对比，表明随机森林分类算法在效率和精度上都具有更高的优势；Gislason 等（2003）利用多光谱数据及 DEM、坡度、坡向等辅助数据，使用随机森林分类算法和 CART 算法进行对比分类，结果表明随机森林分类算法在精度上优于 CART 算法；Ok 等（2012）利用随机森林树方法及最大似然方法，进行农作物的分类识别，结果表明，随机森林分类算法的精度达到了 85.89%，比最大似然分类方法提高了大约 8%；国内方面，随机森林分类算法在近两年逐渐兴起，但是研究相对较少，主要集中在土地利用、林地分类等方面。张晓羽等（2016）利用随机森林分类算法对漠河县林地植被进行分类，结果表明，总体精度为 81.65%，Kappa 系数为 0.812，与传统的最大似然分类方法相比，精度提高较多；郭玉宝等（2016）利用国产 GF-1 卫星影像，使用随机森林分类算法实现了北京市某区域的城市用地分类对比研究，结果表明，其具有较高的精度，适合应用于高分辨率、大数据量和多特征参数的高分影像分类实际生产中。

从以上可看出，随机森林分类算法在影像分类方面具有较大的优势，分类精度及效率较高。但是当前随机森林分类算法在农业遥感作物精细识别分类方面的应用较少，其在农业遥感监测农作物识别上的研究尚未开展。本章选择黑龙江省黑河市部分地区作为研究区，选用单景 Landsat 8 OLI 影像数据作为分类数据源，以研究区的主要农作物大豆、玉米及其他地类作为分类对象，在研究区均匀选取适当数据的样本数据，并分别选用最大似然分类、支持向量机分类、随机森林分类算法三种分类方法进行研究区农作物分类，并对分类结果的精度、花费时间等进行了比较；同时为了评价附加信息对于不同分类方法分类精度的影响，对原始影像进行主成分变化计算、NDVI 计算、归一化水体指数（NDWI）计算，选取主成分变换前 4 个波段、NDVI 影像、NDWI 影像作为附加波段添加到原始影像中，再次进行 MLC、SVM、RFC 分类，并对比增加波段前后的分类精度，从而为农作物面积提取分类方法的选用提供科学合理的实验支持和理论依据。

6.7.2 研究区概况

本研究区域与 6.5 节一致，具体内容参见上文，此处不再赘述。

6.7.3 数据获取与处理

1. 原始数据获取与处理

本研究主要使用了 Landsat 8 号卫星数据，空间分辨率均为 30m。根据研究区主要农作物玉米和大豆的生育期特征，本研究选取了覆盖整个研究区的 2014 年 8 月 7 日 Landsat 8 OLI 卫星影像，该景影像无云覆盖，只在东部有少量薄雾。对数据进行辐射定标、大气校正和几何精校正处理。

2. 地面样方调查

地面样方是进行监督分类的重要基础，根据研究区作物分布情况和各类作物的光谱特征，在整个研究区随机选取了均匀分布的 131 个样方地块，利用同一研究区更高分辨率的 RapidEye 影像进行目视解译分类，Landsat 原始影像及样方的分布如图 6-30 所示。样方的总面积为 5961.15hm^2，其中大豆面积为 1351.98hm^2，占样方总面积的 22.68%，玉米面积为 1404.09hm^2，占样方总面积的 23.55%，其他地类共 3205.08hm^2，占样方总面积的 53.77%。

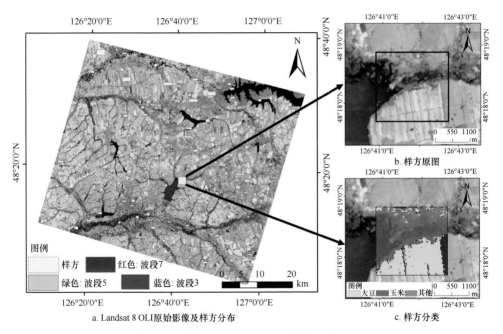

图 6-30　研究区 Landsat 8 OLI 影像及样方分布

6.7.4　研究方案

1. 技术思路

本研究的整体思路如图 6-31 所示。针对研究区的作物分布情况，选用 2014 年第 218 天的单景 Landsat 8 OLI 影像，选取合适的样本数据，分别使用最大似然分类、支持向量机分类、随机森林分类三种分类方法，对研究区的主要作物玉米-大豆进行分类识别，利用研究区更高分辨率的 RapidEye 影像目视解译成果作为分类真值影像，对各种方法的分类精度进行评价，同时分析各类方法的分类时间，以此对各分类方法的适用性进行评价。另外，在原始影像的基础上，增加主成分变换的前 4 个波段、归一化植被指数（NDVI）、归一化水体指数（NDWI）等共 6 个额外的波段信息数据，共 13 个波段，再次使用三种分类方法进行作物的分类，以此评价增加信息对分类精度的影响。

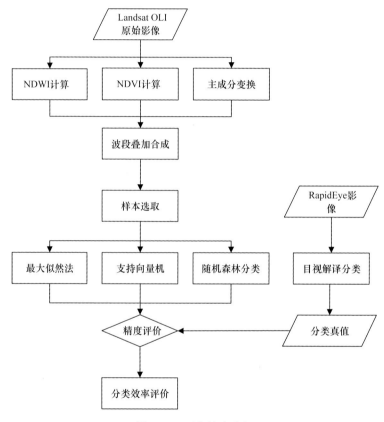

图 6-31　研究技术流程

2. 最大似然分类法

最大似然分类法（maximum likelihood classification，MLC）又称为最大概似估计或贝叶斯（Bayes）分类方法，是监督分类方法的一种。最大似然分类法使用统计原理，利用最大似然比贝叶斯判决准则建立非线性的判别函数集，并假定各类分布函数为正态分布，通过训练样本，并计算待分类像元对各类别的归属概率，哪一类归属概率高即将其划分为此类。该方法是当前农业遥感监测作物分类提取业务化流程中经常使用的监督分类方法，具有分类精度较高、分类结果稳定可靠、分类速度快的优势。

3. 支持向量机

支持向量机（support vector machine，SVM）是 Cortes 和 Vapnik 于 1995 年首先提出的机器学习分类方法。支持向量机方法是建立在统计学理论的 VC 维（Vapnik-Chervonenkis dimension）理论和结构风险最小原理基础上的，根据有限的样本信息在模型的复杂性和学习能力之间寻求最佳折中，以期获得最好的推广能力。对于影像而言，将影像的多个波段灰度值视为一个向量，支持向量机通过将该向量映射到一个更高维的空间里，同时在这个高维空间中，构造一个最大间隔的超平面，即在将数据分开的超平面两边构建两个互相平行的超平面，使得两者之间的距离最大。由于平行超平面间的距离或差距越大，分类器的总误差越小，因此可以达到最优化分类结果的目的。由于支持向量机能够在较小的样本情况下，自动学习样本分类知识，获得较高精度的分类结果，因此在多个领域具有广泛的应用。

4. 随机森林分类

随机森林分类算法是由 Breiman 于 2001 年提出来的一种较新的多决策树分类方法，该方法通过在数据上及特征变量上的随机重采样，构建多个 CART 决策树（不剪枝），通过多决策树投票的方式确定数据的类别归属。随机森林分类算法对于遥感影像分类具有很好的抗噪声性能，分类精度较高。随机森林分类算法利用样方数据，自动构建分类决策树，因此属于监督分类的一种。其具体原理描述如下。

（1）选取适当数量的样本数据构成样本数据集，随机森林分类算法从样本数据集中随机有放回地抽取 2/3 的数据作为训练样本，剩余的 1/3 则作为验证样本。

（2）构建数据特征变量集，随机森林分类算法从特征变量集中随机抽取大约为总变量数目平方根的特征值作为分类的预测变量。

（3）根据训练样本、验证样本，依据选取的预测变量，参照 CART 决策树构建方法，通过递归建立一个分类二叉树。二叉树的各节点构建方法如下：假设样本有 n 个属性特征，对于每个属性特征，选取一个最佳划分值 x，划分值的选取参照 Gini 指数进行，Gini 指数越小即认为划分后的类别中杂质含量越低，分类纯度越高。假设一个样本共有 m 类，则二叉树节点 A 的 Gini 指数计算方式如下：

$$\text{Gini}(A) = 1 - \sum_{i=1}^{m} p_i^2$$

式中，p_i 为属于 i 类的概率，当 Gini(A)=0 时，则所有样本属于一类。递归的过程则是针对当前节点，尝试样本每一个属性特征，计算各属性变量中 Gini 指数最小的值作为该节点的最佳属性划分值，构建一个最优分支子树。根据以上分裂规则，对样本进行充分的二叉树生长，构建一个完整的 CART 决策树，一般情况下不对该树进行剪枝操作。

（4）重复步骤（1）～（3），直到构建完成足够数量的分类树，这些分类树形成一个随机分类树的森林，将影像的每一个像元使用的所有分类树进行分类，采用多数投票的方式对分类结果进行综合，确定该像元的最终从属类别。

由于随机森林分类采用了样本和特征的双重随机抽样构建决策树，因此即使不对分类树进行剪枝操作，也不会出现传统 CART 决策树过拟合的现象。

5. 精度验证

本节试验的精度验证方式使用与研究区范围一致、具有更高分辨率的 RapidEye 影像目视解译结果作为真值进行验证，具体方法参见 6.5 节精度验证部分。

6.7.5 结果与分析

基于研究技术流程，对原始影像经过预处理后，使用样本数据分别进行最大似然分类、支持向量机分类及随机森林分类，获取研究区的大豆、玉米、其他三种地物的分类结果，并利用基于 RapidEye 影像的目视解译结果作为真值进行分类精度评价，分析三种方法的优劣。同时，在原始 7 波段影像的基础上，另外计算 NDVI、NDWI，并对原始影像进行主成分变换，提取主成分的前 4 个波段，总共 6 个辅助波段与原始影像进行叠加，形成包含 13 个特征波段的分类原始影像数据，再次使用三种分类方法进行分类，评价增加额外特征对于作物分类精度的影响情况。

1. 三种分类方法作物分类结果对比

分别使用三种分类方法，使用相同的地面样方数据进行研究区影像分类，分类结果影像如图 6-32 所示，其中随机森林分类算法的决策树数量设定为 100。与研究区目视解译分类结果真值进行对比，结果如表 6-16 所示。最大似然分类方法、支持向量机方法、随机森林分类算法的总体精度分别为 91.68%、91.49%、94.32%，Kappa 系数分别为 0.87、0.87、0.91，可以看出，随机森林分类算法相比最大似然分类方法和支持向量机方法，具有更高的分类精度。从分项看，最大似然分类方法玉米的产品精度较高，但是用户精度较低，说明存在较多的错分情况（其他错分为玉米），而其他的用户精度较高，但是产品精度较低，说明存在较多的漏分情况（其他错分为大豆和玉米）；而支持向量机方法情况与最大似然分类方法类似；随机森林分类算法相比其他两类方法，各类作物无论是制图精度还是用户精度，都有明显的提升，这表明随机森林分类算法相比传统监督分类方法，具有更高的作物分类识别能力。

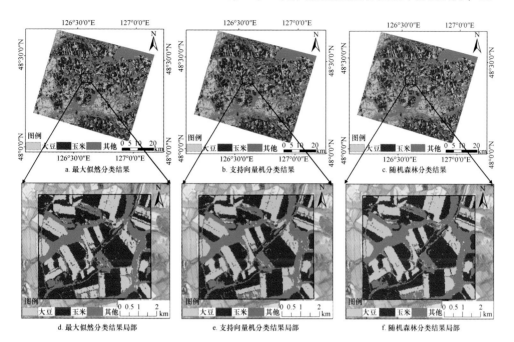

图 6-32　原始影像三种分类方法分类结果

表 6-16　原始影像三种分类方式分类精度

作物类型	分类方法	玉米/像素	大豆/像素	其他/像素	总计/像素	制图精度/%
大豆	MLC	864 849	15 393	56 545	936 787	91.03
	SVM	878 082	7 498	66 202	951 782	92.42
	RFC	911 841	9 285	65 006	986 132	95.98
玉米	MLC	21 443	1 134 475	76 472	1 232 390	92.38
	SVM	35 185	1 140 200	93 000	1 268 385	92.85
	RFC	4 158	1 186 858	68 423	1 259 439	96.65
其他	MLC	63 758	78 172	1 436 164	1 578 094	91.52
	SVM	36 783	80 342	1 409 979	1 527 104	89.85
	RFC	34 051	31 897	1 435 752	1 501 700	91.50
总计/像素		950 050	1 228 040	1 569 181	3 747 271	
用户精度/%	MLC	92.32	92.05	91.01		
	SVM	92.26	89.89	92.33		
	RFC	92.47	94.24	95.61		
总体精度/%	MLC	91.68			MLC	0.87
	SVM	91.49		Kappa 系数	SVM	0.87
	RFC	94.32			RFC	0.91

2. 增加辅助分类信息后三种分类方法结果对比

分别计算原始影像的归一化植被指数（NDVI）、归一化水体指数（NDWI），并进行主成分变换，提取主成分波段的前 4 个波段，共获得 6 个辅助分类波段，与原始 OLI 影像的 7 个波段进行叠加组合，形成 13 个波段的待分类影像。与原始影像分类相同，分别采用三种分类方法，使用相同的地面样方数据进行作物分类，并与真值影像进行对比，评价分类精度的变化情况，分类结果如图 6-33 所示，分类精度如表 6-17 所示。由表 6-17 可以看出，增加了辅助信息后，最大似然分类和支持向量机的分类精度基本没有变化，Kappa 系数也未有提高；而随机森林分类算法的总体精度则由原来的 94.32% 提高到了 95.81%，提高了 1.49 个百分点，Kappa 系数则由 0.91 提高到了 0.94，表明辅助信息的加入，在一定程度上可以提高作物的分类识别能力和精度。在添加了辅助信息后，相比最大似然分类方法，总体精度从 90.22% 提高到了 95.81%，提高了 5.59 个百分点，大豆的制图精度从 90.22% 提高到了 98.32%，提高了 8.1 个百分点，玉米的用户精度从 84.27% 提高到了 94.88%，提高了 10.61 个百分点。

3. 三种分类方法分类时间对比

统计三种分类方法的分类时间耗费情况，结果如表 6-18 所示。由表 6-18 可以看出来，最大似然分类方法的耗费时间最少，仅花费了约 145s；支持向量机分

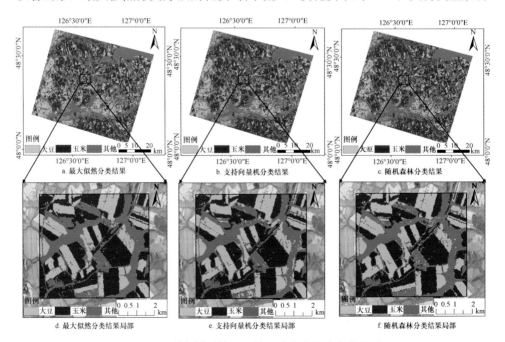

图 6-33　增加辅助特征后的三种分类方法分类结果

表 6-17　多时相影像三种波段组合分类精度验证混淆矩阵

作物类型	分类方法	大豆/像素	玉米/像素	其他/像素	总计/像素	制图精度/%
大豆	MLC	857 118	3 824	56 780	917 722	90.22
	SVM	885 153	7 611	66 296	959 060	93.17
	RFC	934 124	2 276	55 865	992 265	98.32
玉米	MLC	56 343	1 201 206	167 854	1 425 403	97.81
	SVM	31 759	1 145 348	87 264	1 264 371	93.27
	RFC	2 053	1 205 962	63 085	1 271 100	98.20
其他	MLC	36 589	23 010	1 344 547	1 404 146	85.68
	SVM	33 138	75 081	1 415 621	1 523 840	90.21
	RFC	13 873	19 802	1 450 231	1 483 906	92.42
总计/像素		950 050	1 228 040	1 569 181	3 747 271	
用户精度/%	MLC	93.40	84.27	95.76		
	SVM	92.29	90.59	92.90		
	RFC	94.14	94.88	97.73		
总体精度/%	MLC	90.81			MLC	0.86
	SVM	91.96		Kappa 系数	SVM	0.88
	RFC	95.81			RFC	0.94

类时间耗费最多，其花费时间大约为11 000s；随机森林分类算法的分类时间居中，大约耗费了1800s。综合考虑各类分类方法的作物分类精度及时间，可以看出，最大似然分类方法分类时间上具有明显的优势，但是分类精度相对较低；而支持向量机方法耗费时间最长，约为最大似然分类方法的76倍，为随机森林分类算法的6倍多，且作物分类识别精度并未有显著提升，整体上而言劣势较大；随机森林分类算法作物识别精度最高，且分类时间相对适中，对于农业遥感监测作物面积提取而言具有较大的整体优势。

表 6-18　三种分类方法作物分类提取耗费时间

分类方式	分类时间/s
最大似然分类 MLC	145
支持向量机 SVM	11 000
随机森林分类 RFC	1 800

6.7.6　小结

本章使用随机森林分类算法进行了作物面积精确提取的可行性和精确性研究，比较了随机森林分类算法与传统作物分类中使用较多的最大似然分类和支持向量机分类的分类识别精度及分类耗费时间，结论如下。

（1）相比传统的最大似然分类法及支持向量机方法，随机森林分类算法在遥感影像作物识别分类中具有较高的精度，适合于应用在高分遥感影像作物精细识别提取工作中。在利用单景 Landsat 8 OLI 影像进行研究区大豆、玉米及其他地物的提取中，随机森林分类算法具有最高的精度，总体精度达到了 94.32%，Kappa 系数达到了 0.91，研究区主要作物大豆、玉米及其他地物的用户精度分别达到了 92.47%、94.24%、95.61%，制图精度达到了 95.98%、96.65%、91.50%。随机森林分类算法相比最大似然分类方法，总体精度提高了 2.64 个百分点，Kappa 系数提高了 0.04，表明 RFC 方法具有比传统分类方法更好的作物分类识别精度。

（2）在原始影像基础上添加主成分波段、NDVI、NDWI 波段后分类，结果表明，随机森林分类算法能获取更高的精度，而最大似然分类及支持向量机方法的精度没有提升。增加了 6 个辅助波段后，随机森林分类算法的总体精度提高到了 95.81%，Kappa 系数提高到了 0.94，相比原始影像，提高了 1.49 个百分点。最大似然分类的最高分类精度为 91.68%，支持向量机为 91.96%，随机森林分类算法分别比这两类方法高出了 4.13 个百分点和 3.85 个百分点，Kappa 系数分别提高了 0.07 和 0.06，这也表明随机森林分类算法相比其他两类分类方法具有更高的精度。

（3）随机森林分类算法在实现农作物分类高精度的同时，分类耗费时间相对比较适中。在研究区三种分类方法的分类时间对比中，最大似然分类的耗费时间最少，仅为 145s，远远小于其他两类方法，在对作物分类精度要求不高的情况下，最大似然分类具有较好的应用优势；支持向量机方法时间高达 11 000s，远远超出了其他两类方法，且其分类精度相比其他两类方法并不具有优势，表明支持向量机方法在农作物面积提取中的能力并不高，劣势明显；而随机森林分类算法具有最高的分类识别精度，且精度提升显著，分类时间为 1800s 左右，时间也相对适中，因此在进行农业遥感监测农作物面积提取中可以进行推广应用。

当前的研究工作主要基于小范围区域展开，后续工作中，可将随机森林分类算法在大范围农业遥感监测中进行应用推广，研究其在农作物面积业务化提取工作中的可行性，进一步提高作物分类识别及面积提取的精度。

第7章 区域农作物面积识别与提取

7.1 研究背景

冬小麦是我国北方农耕区的主要粮食作物,种植面积广泛,冬小麦种植情况调查一直是我国农业情况调查的重点,使用合适的手段获取作物种植面积具有重要的意义。传统的作物种植面积调查主要依靠行政部门层层上报的方式获取,或者农业调查队根据抽样统计监测方法获取,存在人为干预的可能性,且工作量大、精度无法保证。遥感技术的出现及发展,为大面积范围的农业监测提供了可靠的新技术途径,已经逐渐成为农情监测的主要手段。利用农业遥感监测方法,监测我国大宗作物种植面积,可以为农业决策部门提供可靠的政策制定依据,促进农业的可持续发展(胡潭高等,2010;吴炳芳等,2010a;Tao et al.,2005;Pradhan,2001;陈仲新等,2000)。

随着近年来国内外遥感卫星的不断发射,使用卫星遥感影像进行作物面积遥感监测的技术方法也日新月异(Liu et al.,2006;Sergio et al.,2006;Benz et al.,2004;Chen et al.,2004),目前国内外作物面积遥感监测使用到的主要卫星有AVHRR 卫星、MODIS 卫星、Landsat 卫星、RapidEye 卫星、HJ 卫星系列、ZY卫星系列等(Chellasamy et al.,2015;刘国栋等,2015;Suzuki and Takeuchi,2015;Zheng et al.,2015;Ustuner et al.,2014;Casa and Ovando,2013;Wardlow and Egbert,2008;刘海启等,2001),主要方法包括监督分类、非监督分类、专家决策树方法、多时相法、单时相法等(Löw and Duveiller,2013;王利民等,2013;Musande et al.,2012;李霞等,2008;马丽等,2008;Lewiński,2007;浦吉存等,2004;Carl and Kraft,1994;Nagy and Tolaba,1972)。Lee 和 Yeh(2009)利用 SPOT、Landsat 和 QuickBird 影像,采用最大似然分类方法,成功进行了我国台湾台北淡水河河口红树林植被的遥感监测。Jha 等(2013)利用监督分类方法,使用 Landsat影像数据对印度北安恰尔邦 Pantnagar 地区的小麦种植面积进行提取,地面实测数据表明分类精度达到了 100%。Junges 等(2013)利用 MODIS NDVI 数据,使用非监督分类方法(ISODATA)进行巴西 Rio Grande 北部地区的冬季谷物种植调查,结果表明该方法可以有效区分和检测冬季谷物作物。苏伟等(2015)利用决策树和混合像元分解技术,使用 Landsat 8 时序 NDVI 影像,分析典型作物区的 NDVI曲线特征,并构建决策树从而初步提取早播夏玉米、小麦夏玉米和春玉米的分布范围,根据端元平均 NDVI 波谱曲线,进行 3 种玉米混合度分解,进而根据玉米丰度比例精确提取玉米种植面积。精度评价结果表明，利用本方法提取的玉米种植区总分类精度在98%以上，Kappa系数在0.97以上。Turner和Congalton（1998）利用3个时相的SPOT-XS影像，采用非监督分类与监督分类相结合的方法，获取了较高精度的非洲半干旱地区水稻作物分布图。李平阳等（2015）利用HJ-1A卫星2010年4月2日、2012年3月25日、2013年4月2日影像数据，运用马氏距离法、最大似然分类法、最小距离法、ISODATA法，对衡水市2010年、2012年、2013年的冬小麦种植面积进行提取，研究结果表明，各分类方法分类精度均较高，总体精度超过90%，Kappa系数为0.767～0.997。

对以往作物面积遥感监测数据源的优劣及作物分类方法适用性进行分析后发现，目前大宗作物的种植面积遥感监测主要存在两方面的制约因素，其一是数据源方面的限制，其二是分类方法的局限。数据源上，大面积尺度作物面积遥感监测主要使用MODIS影像，主要利用该影像幅宽巨大的优势，但是其空间分辨率较低、混合像元问题较为突出，是其分类识别精度上的制约，其他如TM影像等，幅宽太小，重访周期太短，无法进行大范围区域的作物面积提取（冯美臣等，2009）；分类方法上，目视解译精度较高，但是工作量过大，监督分类方法则由于全国作物物候不同，需要选取过多的地面样方，同样存在工作量大、成本高的问题，决策树方法是目前应用较多的方法，该方法分类简便快速，但是过于依赖专家知识的积累，无法保证大范围作物面积提取时分块作业不同经验作业员之间结果的一致性和可靠性（Shakir et al.，2015）。

随着我国GF-1卫星在2013年的成功发射升空，该卫星影像已成为了全国尺度作物面积监测的理想数据源，其同时具备幅宽大（最大可达800km）、重访周期短（4d）、空间分辨率高（WFV相机空间分辨率可达16m）的特点，可有效获取全国冬小麦作物主产区的大量原始影像，并为从中筛选高质量影像用于作物分类提供了基础。针对高分影像的特点，本章设计提出了一种冬小麦面积指数（winter wheat area index，WWAI）概念，通过将GF-1 NDVI时序影像进行加权叠加的方式，扩大冬小麦与非冬小麦的差异，并针对业务化运行需要，设计了WWAI最优提取阈值区域自适应确定方法，通过将全国冬小麦主产区按照标准分幅并分块处理，最后获取全国尺度年度冬小麦种植范围空间分布图。

7.2 研究区域

冬小麦广泛分布在我国的暖温带及亚热带，全国31个省（直辖市、自治区）中，除内蒙古、黑龙江、吉林、辽宁、海南和青海6省（自治区）没有种植外，其余各省（直辖市、自治区）都有分布。2014年河南、山东、安徽和河北总播种面积居全国前4位，分别占全国总播种面积的24.0%、16.6%、10.8%和10.4%，4省总播种面积占全国总播种面积的61.8%（《中国农业统计资料（2014）》）。受温度和降水变化的影响，以秦岭、淮河为界，分为南北两部分。其中，北方区域包括北部冬麦区、黄淮冬麦区 2 个亚区，南方部分包括长江中下游冬麦区、西南冬麦区和华南冬麦区 3 个亚区。

　　本项研究包括北京、天津、河北、河南、山东、山西、陕西、甘肃、宁夏、新疆、湖北、安徽、江苏、四川和重庆 15 个省（直辖市、自治区），其冬小麦种植面积占全国冬小麦总种植面积的 96.1%，覆盖了北部冬麦区、黄淮冬麦区、长江中下游冬麦区和西南冬麦区等 4 个冬小麦种植区域（图 7-1）。

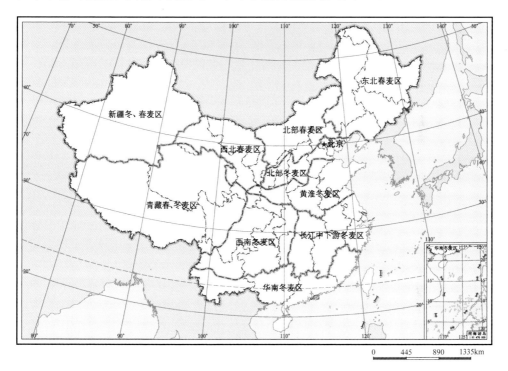

图 7-1　中国小麦区划

7.3　数据获取及预处理

7.3.1　GF-1 卫星影像预处理

　　GF-1 卫星搭载有 WFV1、WFV2、WFV3 和 WFV4 四个 WFV 传感器，单传感器幅宽 200km，同时成像时幅宽可达 800km。影像具备蓝（0.45～0.52μm）、绿（0.52～0.59μm）、红（0.63～0.69μm）和近红外（0.77～0.89μm）四个波段，重访周期 4d，空间分辨率 16m。本章采用 2013 年 10 月 1 日至 2014 年 6 月 30 日，云量低于 10% 的 GF-1 卫星 WFV 影像进行全国主产区冬小麦种植面积提取研究，总计使用了 5237 景影像，最少月份为 2014 年 6 月，为 234 景，最多月份为 2014

年 1 月，为 1007 景，充分保证了冬小麦生长期内每月至少可以获取 1 次晴空合成影像，表 7-1 给出了研究区内高分影像各个月份的使用情况。

表 7-1　研究区高分影像使用情况

时间	2013 年			2014 年						合计
	10 月	11 月	12 月	1 月	2 月	3 月	4 月	5 月	6 月	
影像数	803	768	897	1007	418	419	320	371	234	5237

经过系统几何校正和辐射校正的 WFV 影像 1 级产品由中国资源卫星应用中心提供。在此基础上，采用 6S 模型对所有影像进行大气校正；以同期 Landsat 8 OLI 15m 数据作为参考影像，利用影像的 RPC 参数和 ASTER GDEM 高程数据，对影像进行区域网平差和几何精校正；分别计算影像的归一化植被指数（NDVI），作为冬小麦面积指数构建的基础。

7.3.2　基于分类单元的 NDVI 合成

由于全国尺度过大，考虑到冬小麦区域分布特点及业务化运行的实际需要，对获取的高分影像按照一定的方式进行预处理。一般说来，影像分类的区域越小，分类精度相对越高。为保证冬小麦面积的识别精度，在分类前对所有的影像进行分割，将监测区域划分为面积基本相同的分类单元。综合考虑冬小麦种植区地块破碎程度、其他地理信息空间制图的国家标准和以往工作经验，在中国区域冬小麦面积提取业务中，基本分类单元是 1∶10 万地形图的图幅框。本章按照 1∶10 万标准分幅对监测区进行分割，每幅的经差为 30′，纬差为 20′，15 个监测省可以分割成 2762 个分类单元，有耕地覆盖的区域可以分割成 1844 个分类单元，为适应全国尺度冬小麦种植面积拼接展示的要求，将所有分类单元的坐标基准转换成 ALBERS 投影。

利用图幅框对每幅 NDVI 影像进行裁切，以图幅框为单位逐月最大值合成，获取每月最大 NDVI 值影像，以去除云、雾霾等的干扰。利用每个分类单元对所有 WFV 影像进行分割，形成分组独立的 NDVI 时序影像。由于每个区域所获得的 WFV 影像不同，每组分类单元拥有的层数不同。在下一步作物分布区域的识别和面积提取过程中，将分别对每一个单元进行单独操作，之后对各单元自动分类成果进行人工目视修正和接边处理；最后将所有单元的成果组合在一起，最终获取全国尺度的年度冬小麦种植面积分布图（图 7-2），图上还给出了河北省邢台市区域附近的图幅框影像及相应 NDVI 最大值合成结果。

7.3.3　训练及区域验证样本的获取

1. 训练样本获取

训练样本作为标准值，在冬小麦种植区自动识别过程中，用于冬小麦判定阈

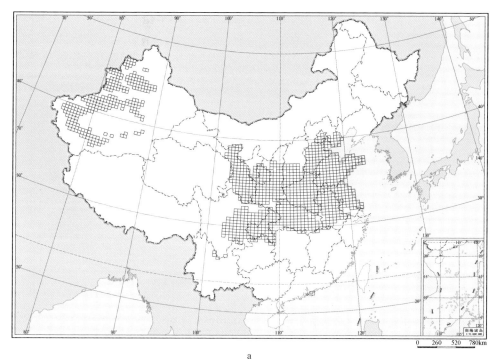

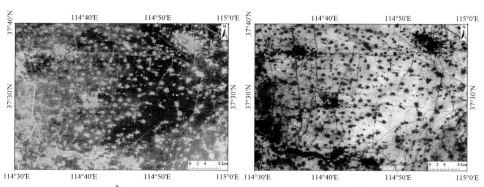

图 7-2 中国冬小麦遥感监测单元及 GF-1 卫星影像

a. 中国冬小麦遥感监测单元；b. 一个监测单元的 GF-1 卫星 WFV 影像示例；c. 图 b 影像的 NDVI 影像

值的设置。综合考虑时间成本、人力成本，结合实际的测试情况，以我国 1∶10 万标准分幅图幅框为基础，对于位于中国冬小麦主产区的 15 个省份中有耕地覆盖的图幅框，再将其等分为 6×6 个子网格区，以每个子区的中心点作为样本所在地，这样整个监测区内共获取了 66 384 个样本点（图 7-3）。另外，为补充训练样本点数，同时使用 10km×10km 网格划分监测区，并选取网格的中心点作为训练样本，这样，共获取了 39 494 个训练样本点。两者相加，共获取了 105 878 个训练样本点。

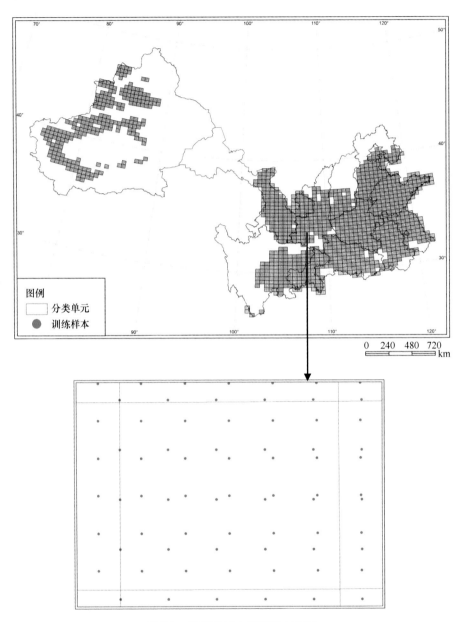

图 7-3　监测单元内训练样本分布

利用 GF-1 卫星 PMS 影像、WFV 影像和同期 Landsat 8 OLI 影像，在地面调查数据辅助下，采用目视解译的方法提取每个样本的地表覆盖类型，并将其分为冬小麦和非冬小麦像元。其中，PMS 影像的空间分辨率为 8m，波段与 WFV 影像基本相同。解译结果表明，6162 个点位于冬小麦种植区，占样本总数的 5.82%，其余 99 716 个点位于非冬小麦种植区，占样本总体的 94.18%。

2. 验证样本的获取

　　验证样本用于评价全国冬小麦种植区的识别精度。采用两种方法获得验证样本所在的空间位置，并使用目视解译方法获得每个样本点地表覆盖类型，方法与训练样本相同。为准确评价冬小麦地类监测精度，同时采用随机采样和均匀规则采样两种采样方式结合的方法获取有代表性的验证样本点。第一种验证样本点获取方式是以监测区为边界，采用随机抽样方法在监测区中随机抽取 5000 个点。这种方法获得的验证样本点主要分布在非冬小麦种植区域内，其中 313 个验证样本点位于冬小麦种植区，4687 个验证样本点位于非冬小麦种植区。第二种方法是基于全国 5km×5km 网格，位于冬小麦种植区内的网格中心点即为验证样本所在地，共有 9233 个。这种方法获得的验证样本点主要分布在冬小麦种植区域内，其中 7915 个验证样本点位于冬小麦种植区，1318 个验证样本点位于非冬小麦种植区。两种方法共获得 14 233 个验证样本（图 7-4），其中 8228 个验证样本点位于冬小麦种植区，占验证样本总量的 57.81%，6005 个验证样本点位于非冬小麦种植区，占验证样本总量的 42.19%。该数据用于定性评价作物空间分布区域提取精度。本章不对冬小麦面积的吻合度进行定量评价。

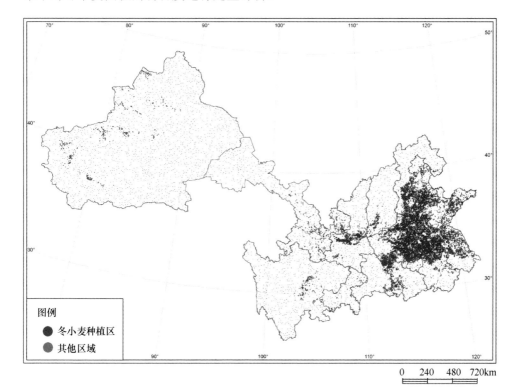

图 7-4　验证样本空间分布

7.4 研 究 方 案

7.4.1 技术路线

全国冬小麦面积制图主要包含分类单元确定、冬小麦面积指数构建、最优WWAI 提取阈值自适应确定、冬小麦种植面积提取、全国区域冬小麦识别结果拼接修改、精度验证，整体技术流程如图 7-5 所示。技术流程构建的主要思路是扩大冬小麦与其他地类的差异性，以一种既满足精度要求又简单、符合业务化运行需要的方式，快速提取冬小麦种植面积。数据获取及预处理详细流程参见数据预处理章节，此处不再赘述，在实际的数据处理过程中，可将识别单元与耕地矢量等数据叠加，以剔除不包含耕地的无效识别单元，减少数据处理工作量。下文对基于冬小麦面积指数提取冬小麦种植面积的主要技术流程进行详细介绍。

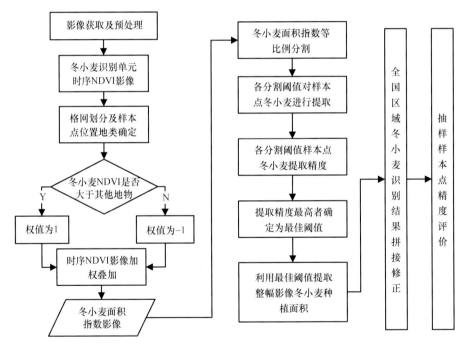

图 7-5　全国尺度冬小麦面积提取处理流程

7.4.2 中国冬小麦物候特点

我国冬小麦的生育期从每年的 9 月到第二年 6 月，主要包括发芽、出苗、分蘖、越冬、返青、起身、拔节、挑旗、抽穗、开花、灌浆、成熟等 12 个阶段。全国冬小麦分布的地带性规律，决定了不同区域冬小麦面积遥感监测影像获取的最佳时段不同。一般最适宜遥感监测的时间是 11 月下旬至 1 月上旬，其次为 3 月上旬至 4 月下旬。一般情况下，选取每年 10 月至第二年 6 月底的卫星影像，可以完整覆盖全国各个不同小麦种植区的整个小麦生长期。

由于中国的冬小麦种植高度集中在北部冬麦区、黄淮冬麦区、西南冬麦区、长江中下游冬麦区、新疆冬麦区等地区，因此选取北京、天津、河北、河南、山东、山西、陕西、甘肃、宁夏、新疆、湖北、安徽、江苏、四川和重庆 15 个省（直辖市、自治区）作为本章进行中国冬小麦面积提取的研究区域。同时，针对不同区域冬小麦具有不同的种植环境及生长规律，选取不同种植区具有代表性的 8 个地区进行冬小麦面积提取的详细研究，以验证本章方法的适用性。

在黄淮冬麦区、北部冬麦区和新疆冬麦区内，每年的 10 月至第二年 4 月上旬，农田中一般只有冬小麦处于生长阶段。其他作物在 4 月中旬才开始播种，4 月下旬开始陆续出苗，至 5 月上旬在遥感影像上呈现出明显的植被特征。在西南冬麦区和长江中下游冬麦区，与冬小麦同期生长的作物主要包括冬油菜和一些蔬菜。

从华北平原冬小麦种植区随机选择了 585 个点，读取这些点从 2013 年 10 月 1 日至 2014 年 6 月 30 日的 NDVI，取各点均值制作 NDVI 变化曲线（图 7-6a）。由图 7-6a 可以看出，10 月上旬播种期间冬小麦种植区的 NDVI 最低；11 月上旬出苗后其 NDVI 开始逐步增加，11 月末至 12 月中旬达到冬前的最大值；12 月下旬进入越冬期后 NDVI 明显下降；2 月下旬返青后 NDVI 又开始快速增长；4 月下旬达到最高值；5 月下旬乳熟后 NDVI 逐渐下降；6 月下旬收获后，随着玉米等其他作物的出苗，NDVI 又开始上升。利用冬小麦 NDVI 变化特性构建冬小麦面积指数，以增加冬小麦种植区与非种植区的分离度。另外，在 8 个位于全国不同冬小麦种植区的重点研究区域内，选择典型冬小麦点绘制 NDVI 时序曲线（图 7-6b），可以看出，冬小麦地物的 NDVI 变化曲线基本一致，这就为基于冬小麦面积指数进行冬小麦种植区提取提供了基础。

7.4.3　冬小麦面积指数影像构建

针对每个分类单元，首先提取类型 1 样本点对应各期影像上的 NDVI，分别计算所有样本点、冬小麦样本点和非冬小麦样本点的 NDVI 平均值。若当期冬小麦 NDVI 平均值大于其他地物 NDVI 平均值，则判定该时期为冬小麦生长优势期，其权值设定为 1（可根据研究区情况适当调整，一般为正值）；若当期冬小麦 NDVI 平均值小于其他地物的 NDVI 平均值，则判定该时期为冬小麦生长劣势期，其权值设定为 –1（可根据研究区情况适当调整，一般为负值）；将当期影像各点的 NDVI 值与权值相乘得到该点当期 NDVI 加权值，将该点各个时相的 NDVI 加权值进行相加并除以影像期数，得到的结果称为冬小麦面积指数（WWAI），最后加和得到的影像称为"冬小麦面积指数"影像。可以看出，通过正负权值的设定，扩大了

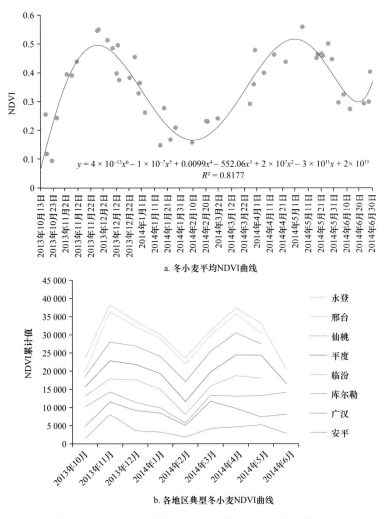

a. 冬小麦平均NDVI曲线

b. 各地区典型冬小麦NDVI曲线

图 7-6　GF-1WFV 影像冬小麦种植区 NDVI 变化曲线

冬小麦优势期 NDVI 值，缩小了非冬小麦优势期 NDVI 值，可以很简便地使冬小麦类别像元 WWAI 值最大化，这样就可以很方便地通过设定一个 WWAI 提取阈值的方式，剔除非冬小麦区域。具体计算公式如下所示：

$$P^i \begin{cases} 1 & \left(\overline{\mathrm{NDVI}}_{\mathrm{W}}^{i} > \overline{\mathrm{NDVI}}_{\mathrm{O}}^{i} \right) \\ -1 & \left(\overline{\mathrm{NDVI}}_{\mathrm{W}}^{i} < \overline{\mathrm{NDVI}}_{\mathrm{O}}^{i} \right) \end{cases}$$

$$\mathrm{WWAI} = \frac{1}{n} \sum_{i=0}^{n} \left(\mathrm{NDVI}^{i} \times P^{i} \right)$$

式中，P 为权值；i 表示第 i 期影像；下标 W 表示冬小麦；下标 O 表示其他。

7.4.4　最优 WWAI 提取阈值自适应确定

在获取冬小麦面积指数影像之后，还需要通过设定一个合理的 WWAI 提取阈值，识别影像中冬小麦地物类别。在实际情况中，若 WWAI 提取阈值设置过高，会造成冬小麦像元的漏分；若阈值过低，又会将非冬小麦区域混入冬小麦类别中，降低分类精度。区别于传统的人工经验方式确定提取阈值，本章采用自适应 WWAI 提取方式，实现不同区域最优 WWAI 提取阈值的自动计算。具体方式为：首先，将冬小麦面积指数以 1% 的比例等分，从 0 比例开始至 100% 结束，循环迭代 101 次，得到各比例位置的 WWAI 值作为提取阈值，并将所有的 101 个阈值用于右下中心点的冬小麦识别，并与右下中心点目视解译的结果相比较，计算所有阈值提取结果对应的提取准确率。选择 101 个结果中正确率最高的阈值，即为最优冬小麦面积指数提取阈值。该方法的优势是，无需人工干预，尽可能减少了人为误差，只要样本点的冬小麦分类结果准确，即可获取一致的 WWAI 提取阈值。

7.4.5　种植面积提取精度验证

利用区域自适应最优WWAI提取阈值确定方法，将获取的阈值应用于冬小麦面积指数影像中，从而获取分类基本单元内的冬小麦分类结果。将全国冬小麦主产区的所有标准分幅冬小麦识别结果进行修正、拼接，即可获取全国尺度年度的冬小麦种植范围专题产品。利用随机分布和均匀抽样获取的 9233 个验证样本点，对全国冬小麦识别成果进行精度验证。本章采用混淆矩阵、Kappa 系数、总体精度、制图精度、用户精度的方式进行全国尺度冬小麦分类精度评估工作。

7.5　结果与分析

在利用冬小麦面积指数方法进行全国尺度年度冬小麦种植空间范围提取工作中，由于工作量巨大，为了先期验证本章方法的可行性，首先在分布于全国不同冬小麦种植区划的 8 个代表性区域内进行冬小麦的分类识别及精度评价；在验证方法可行性的基础上，将全国冬小麦主产区按照 1∶10 万标准图幅框划分为 1844 个基本分类单元，利用冬小麦面积指数方法，编写相关自动化分类识别程序，对各基本分类单元内的冬小麦地类进行识别提取，并对结果进行修正拼接，最终获取完整的全国尺度年度冬小麦种植空间范围分布图。

7.5.1　重点研究区冬小麦识别提取及精度验证

本章选取了位于不同冬小麦种植区的 8 个重点研究区，利用 WWAI 方法进行冬小麦面积识别提取工作，获取各研究区的冬小麦种植范围空间分布图，并对其进行精度验证，从而验证本章方法在全国不同冬小麦种植区的适用性。图 7-7 为邢台研究区的冬小麦面积指数影像，图 7-8 为该区域的冬小麦识别分类结果。

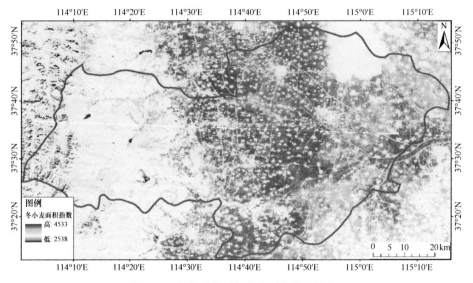

图 7-7　邢台研究区冬小麦面积指数影像

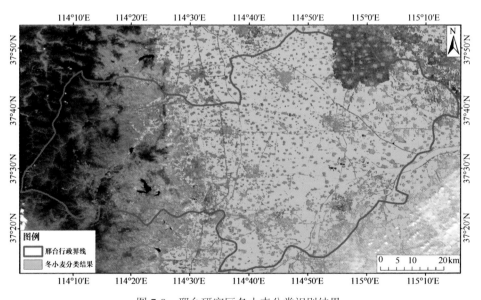

图 7-8　邢台研究区冬小麦分类识别结果

同时，利用实地调查、其他高分影像辅助解译等方式，获取重点研究区的冬小麦种植样方，并对各个研究区的冬小麦分类识别精度进行评价，评价结果如表 7-2 所示。

表 7-2　重点研究区冬小麦识别精度

研究区	冬小麦产品精度/%	冬小麦用户精度/%	总体精度/%
邢台	89.7	92.1	93.0
平度	89.3	84.0	87.2
仙桃	75.3	56.2	90.1
临汾	80.1	92.3	96.2
永登	81.3	68.1	96.9
库尔勒	96.2	75.5	99.3
广汉	86.4	84.7	91.4
安平	93.7	91.2	94.4
平均	86.5	80.5	93.6

由表 7-2 可以看出，利用本章方法，在全国不同区域的研究区中，均达到了较高的冬小麦分类精度。除仙桃外，冬小麦产品精度平均达到了 88.1%，用户精度平均达到了 83.99%，取得了较高的精度，且该精度是在未对分类识别结果进行精修正的情况下，完全按照标准作业流程自动化提取出来的，后期通过人工精修正，可以达到更高的分类精度。而湖北仙桃的冬小麦识别精度较低，对其进行仔细分析后（图 7-9），发现主要是由于该区域内存在较多的油菜作物，该类作物易于与冬小麦混淆，导致识别精度的降低。在实际应用中，辅助使用该地区 3 月下旬高分影像，利用油菜花处于开花期在影像上主要呈现粉红色的光谱特征，通过常规分类方法，即可实现混淆地类的有效区分。

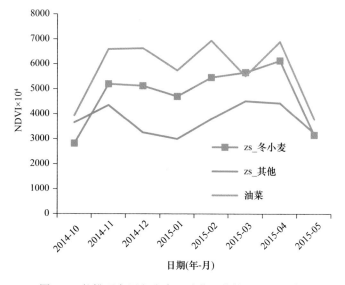

图 7-9　仙桃研究区冬小麦、油菜、其他 NDVI 曲线

7.5.2 区域冬小麦面积提取与精度验证

经过 8 个分布于不同冬小麦种植区的重点研究区冬小麦提取试验，验证了 WWAI 提取方法的适用性。在此基础上，将冬小麦面积指数（WWAI）提取方法应用到全国尺度冬小麦业务化提取工作中。首先，按照 1∶10 万标准地形图分幅标准，将中国 15 个冬小麦主产省份进行分类基本单元划分，并提取其中包含耕地地块的单元进行作业，全国共获得 1844 个分类基本单元。各分类单元内的作业流程与重点研究区冬小麦提取流程一致。在获取所有冬小麦分类单元的识别结果后，依据精度评价结果，对精度较差的单元进行冬小麦识别结果精修正，修正方法采用决策树分类、监督分类、目视解译等方式进行。最后，将全部识别单元的冬小麦识别成果进行整体的拼接修正工作，即可获取年度中国冬小麦主产区的冬小麦种植范围空间分布图，成果如图 7-10 所示，图中特别展示了河北省及其下属衡水市的冬小麦提取成果。

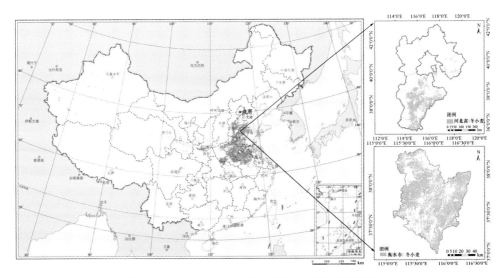

图 7-10　2013～2014 年度中国冬小麦种植范围图

由图 7-10 可以明显看出，我国冬小麦种植区域主要集中在河南、山东、河北及安徽北部、江苏北部地区，该地区地处华北平原，土壤及气候均适宜种植冬小麦，是我国冬小麦的传统种植区；同时在陕西的渭河平原、山西的汾河平原、湖北的中北部也有较多的种植；甘肃、新疆、四川等其他省份的适宜种植区域也有零星的种植。图 7-10 很好地揭示了我国冬小麦种植范围的空间分布，为我国农业宏观决策提供了可靠的参考依据。

利用随机采集的样本点及根据规则网格划分获取的样本点数据对冬小麦种植

范围提取的精度进行验证，结果如表 7-3 所示。由表 7-3 可以看出，依据冬小麦面积指数方法获取的全国尺度冬小麦种植范围的用户精度达到 86.2%，而制图精度更是达到了 99.8%，分类识别的总体精度达到了 90.6%，Kappa 系数达 0.801。精度验证结果表明，全国尺度冬小麦空间分布提取精度基本满足应用需求。

表 7-3　全国尺度冬小麦提取结果验证样本点混淆矩阵

作物类型	冬小麦	其他	总计
冬小麦	8225	1321	9546
其他	17	4670	4687
总计	8242	5991	14 233
用户精度/%	86.2	99.6	
制图精度/%	99.8	78.0	
总体精度/%	90.6		
Kappa 系数	0.801		

7.6　小　　结

本章针对目前全国尺度冬小麦种植面积提取中存在的问题，面向业务化运行的需求，设计提出了一种冬小麦面积指数（WWAI）概念，通过时序 NDVI 影像的加权叠加方式，扩大冬小麦地类与非冬小麦地类的差异，并设计了一种区域自适应的最优 WWAI 提取阈值确定方法，成功地进行了重点研究区及全国主要冬小麦种植区的冬小麦种植空间分布调查，结论如下。

（1）利用国产高分一号卫星影像进行区域及全国冬小麦种植面积监测具有巨大的优势。高分一号卫星影像相比传统常用的国外其他卫星影像，具有高空间分辨率、高时间分辨率、大幅宽的特点，WFV 相机的空间分辨率达到了 16m，重访周期 4d，4 台 WFV 相机组合幅宽达到了 800km，数据稳定可靠，能有效获取全国不同地区的大量监测数据，满足大尺度区域冬小麦遥感监测调查需求，为我国农业遥感监测提供了可靠的数据基础。

（2）利用冬小麦面积指数（WWAI）方式，并通过区域自适应的最优 WWAI 提取阈值确定方法，可以方便有效地应用到区域及全国尺度冬小麦种植面积提取。WWAI 及提取阈值自适应确定方法，将各个地区复杂的 NDVI 时序数据，转化为一个简单的物理含义明确的指数形式，相比传统决策树方法，不需要丰富的专家知识及大量的实地调查资料；同时设计的 WWAI 提取阈值确定方法，可以实现各区域单元 WWAI 分割阈值的自动确定，只要判定样本点是否为冬小麦，即使不同的作业员也可获取相同的冬小麦分类结果，这就保证了分类结果的高度一致性，同时降低了专家知识及地面实测数据的依赖性。

（3）以高分影像作为数据源，采用冬小麦面积指数（WWAI）方法，成功实现了基于标准分幅单元的全国冬小麦空间分布调查，获取了高精度的全国尺度年度冬小麦种植空间分布专题图，为我国农业领域"全国作物一张图"提供了可靠的工作基础。利用全国 2013～2014 年度数千景高分影像，以 1∶10 万标准地形图分幅图幅框进行了分块冬小麦识别工作，开发了基于 WWAI 方法的自动化冬小麦提取流程及软件，对各基本单元冬小麦进行了识别及拼接修正，成功获取了2013～2014 年度全国冬小麦种植范围专题图，分类总体精度达到 90.6%，冬小麦用户精度 86.2%，Kappa 系数 0.801。

同时，利用 WWAI 方式进行冬小麦种植面积提取，尚存在一些需要处理的问题，主要包括以下方面。

（1）利用 WWAI 结合阈值提取确定方式，无法区分作物物候与冬小麦相似的作物，必须结合其他辅助分类手段对混淆地物进行区分。

（2）利用 WWAI 方法进行全国冬小麦提取，依然存在较多的人工工作量，主要体现在样本点冬小麦地类的识别上，开展各地区冬小麦标准样本点库的建设可以在一定程度上减少此步工作量。

（3）在一些冬小麦分布较为稀疏的区域，需要辅助使用其他方式来确定冬小麦的样本点位置，才能获取满足数量需求的训练样本点。

第 8 章 尺度效应对农作物面积提取的影响研究

8.1 研 究 背 景

农作物面积遥感监测是我国农情信息获取的主要方法之一，由于农作物从播种到收获时间跨度相对较短，一般需要获取不同空间分辨率的遥感数据进行作物面积提取，才能够满足区域尺度完全作物覆盖的需要，不同空间分辨率数据引起的尺度效应不可避免，不同尺度数据监测结果尺度转换则显得尤为重要，也是准确获取农作物面积的前提。尺度效应的研究对于指导农业技术研究中野外采样系统设计、节省外业调查的工作量及科学地进行内业计算有重要作用，同时有助于评估和揭示农业工程中地学特征的区域性自然规律（刘良云，2014；Yonezawa et al.，2012；Wardlow and Egbert，2008）。

随着遥感影像的不断普及，遥感影像分辨率的不断提升，多源遥感数据的不断应用，遥感影像尺度效应产生的影响越来越大，有越来越多的学者开始研究遥感尺度效应的一般规律及其在各个应用领域中产生的影响，尤其是景观格局、地统计等领域（Chen et al.，2013；Ming and Yang，2010；赵磊，2009；Corry and Lafortezza，2007）。在农业遥感领域，尺度效应的研究主要集中在叶面积指数、植被指数的反演，净初级生产力反演，森林树种识别最佳尺度计算，作物面积尺度效应影响等领域（栾海军等，2013；朱小华等，2010；刘悦翠和樊良新，2004）。张焕雪等（2014）利用 20m 分辨率 CBERS-02B CCD 数据，通过构建不同分辨率遥感影像序列，采用最大似然、支持向量机、人工神经网络 3 种分类器，分别从像元和区域尺度讨论了空间分辨率对农作物分类和面积估算精度的影响；并进行了作物种植成数和聚集度的影响分析，认为随着空间分辨率的降低，分类精度和面积估算精度均呈下降趋势，作物种植成数越高，作物种植越密集，随空间分辨率的降低面积估算精度下降速率越慢。李丹丹等（2014）采用高空间分辨率的多光谱遥感影像进行油菜种植面积提取，对其提取结果进行基于简单多数原则的尺度转化，得到不同空间分辨率的提取结果，通过与地面实测样方数据构建误差矩阵进行精度分析，分析不同空间分辨率影像对作物种植面积遥感信息提取精度的影响。江淼等（2011）提出了利用统计回归的结果反推像元二分模型参数来建立研究区遥感反演植被覆盖度的方法，研究采用不同遥感数据源和不同反演模型时研究区植被覆盖度信息提取中存在的尺度效应。田海峰等（2015）基于 Landsat 8 影像估算县域冬小麦种植面积的可靠性，讨论了不同空间分辨率影像的提取精度，使用 30m 空间分辨率影像提取的精度为 96.3%,使用 15m 空间分辨率影像提取的精度达到 99.2%。Bo 等(2005)利用 Landsat 影像 30m 空间分辨率数据通过重采样方式获得更低分辨率的影像,通过计算 J-M 分离度评价不同地物间的分离程度,结果表明,60m 空间分辨率的影像具有最高的分离能力,并认为最优空间分辨率影像不一定具有最佳的分类能力。Fei 等(2008)利用 QuickBird 和 SPOT5 高分辨率影像针对城市绿地地块破碎、地块常位于建筑物阴影中的特点对城市绿地的识别尺度效应进行了研究,结果表明,在 7 层及以下建筑区域,QuickBird 影像较 SPOT5 影像识别精度高。Ghosh 等(2014)利用可见光、微波、激光雷达 3 类数据选择 4m、8m 和 30m 这 3 个空间分辨率尺度对树木品种识别过程中的尺度效应进行了分析,结果表明 8m 空间分辨率的影像分类结果 Kappa 系数达到 0.83,精度略高于 4m 空间分辨率的分类结果,30m 空间分辨率影像中 Hyperion 影像分类精度较高,Kappa 系数达到 0.70,并认为基于最小噪声分离(minimum noise fraction,MNF)算法的分类效果最好。

此外,对不同分辨率遥感影像下冬小麦的面积识别提取精度已有较多研究成果,如姜亚珍、王学、王利民等的研究,总结这些已有的研究成果使用的影像源分辨率及总体精度,发现 250m 空间分辨率的 MODIS 数据的识别精度总体在 75.0%～85.0%,15～30m 空间分辨率的 Landsat、HJ 影像识别精度总体在 90.0%～97.0%,而使用更高空间分辨率的 GeoEye、WorldView 等影像,作物总体精度基本上在 95.0%以上。这清晰地表明,不同空间分辨率尺度,作物面积提取精度差异规律是客观存在且较为显著的(姜亚珍等,2015;冯美臣等,2009;秦元伟等,2009)。

为进一步总结空间尺度效应与面积提取精度之间的复杂关系,本章利用研究区 0.3～250m 空间分辨率尺度的遥感影像,使用目视解译方式,获取各级影像冬小麦种植范围,同时定量研究空间分辨率、面积提取精度与破碎度或混合像元作物面积占比这三者之间的相互关系,为冬小麦面积提取业务化运行时,针对不同的精度要求及提取范围,选择合适空间分辨率的遥感影像提供可靠的理论基础和实验依据。本章的研究成果也将为全国农业遥感监测中其他作物面积的提取识别工作中遥感影像的选取提供依据。

8.2 研究区概况

研究区域选择在武清区,是天津市下辖的市辖区,位于天津市西北部,地理位置处于东经 116°46′43″～117°19′59″,北纬 39°07′05″～39°42′20″,东西宽 41.78km,南北长 65.22km,总面积 1574km²,耕地面积 9.13 万 hm²,占武清区土地面积的 58%。地处华北冲积平原下端,地势平缓,自北、西、南向东南海河入海方向倾斜,海拔最高 13m,最低 2.8m。成土母质多为永定河和北运河的冲积物,土壤均为潮土，土层深厚，适于多种作物种植。属温带半湿润大陆性季风气候，四季分明，年平均气温为 12.2℃，年平均日照总时数 2705h，年平均降水量为 557.3mm，无霜期212d。具体研究区域选择在武清区西部，范围约 12km×14km，研究区范围内主要农作物类型有冬小麦、春玉米等，通过地面调查能够明确冬小麦分布状况，便于开展冬小麦面积识别的尺度效应研究。武清区及本研究的具体位置如图 8-1 所示。

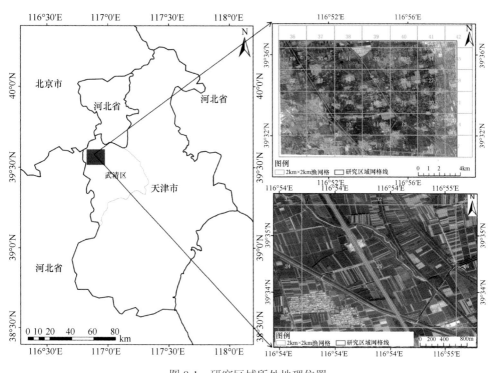

图 8-1　研究区域所处地理位置

8.3　数据获取与处理

文中涉及的数据主要有 EOS/MODIS 数据、Landsat 8 OLI 数据、GF-1 卫星 WFV 影像数据和 Google Earth 10 级、14 级、15 级、16 级、19 级数据共计 8 景数据，其中 EOS/MODIS 数据与 Landsat 8 OLI 数据来自 NASA 网站，GF-1 卫星 WFV 影像来自中国资源卫星应用中心推送至农业部遥感应用中心的高分数据，Google Earth 数据来自商业软件 Google Earth。Google Earth（GE）将影像分辨率分为 19 个级别，级别越高分辨率越高，本章挑选其第 10、14、15、16、19 级作为研究面积识别精度尺度变化规律的补充数据源。为了便于分析尺度效应的影响，以 GE 19 级数据为基准进行配准，对数据进行了重采样处理，具体数据参数如表 8-1 所示。

利用真彩色合成影像进行目视解译,将影像划分为冬小麦区域和其他区域两类,生成分类结果矢量图。对分类结果进行统计,以 GE 19 级图像的目视解译结果作为标准,对其他不同分辨率的影像分类结果进行精度评价;对目视解译结果进行斑块数量、斑块平均面积、斑块面积周长比等参数的计算;分别统计冬小麦和其他地物反射率参数的差异。

表 8-1 不同像元空间分辨率影像来源及获取时间

序号	影像来源	原始分辨率/m	重采样分辨率/m	采集时间
1	EOS/MODIS	231.0	250	2015-04-13
2	Google Earth(Level 10)	58.9	100	2015-04-29
3	Landsat 8 OLI	30.0	30	2014-04-03
4	GF1 WFV	16.0	15	2014-04-03
5	Google Earth(Level 14)	7.4	10	2014-04-29
6	Google Earth(Level 15)	4.2	5	2014-04-29
7	Google Earth(Level 16)	1.8	2	2014-04-29
8	Google Earth(Level 19)	0.3	0.3	2014-04-29

8.4 研 究 方 案

8.4.1 技术思路

选择明确的农作物类型,采用像元空间分辨率逐渐降低的遥感影像系列作为研究数据,分析不同空间分辨率下农作物面积的识别能力,为不同空间分辨率来源的农作物面积监测结果融合提供理论依据。各级影像 DN 差异采用提取 GE 19 级影像 DN 的方式进行比较。面积识别采用目视解译的方式进行,可以认为该结果为影像所能达到的最高分类识别精度。以 0.3m 空间分辨率 GE 19 级影像获取的作物分类结果作为"真值影像",将其作为其他级别结果精度检验的依据。比较影像空间分辨率的变化对不同破碎度情况下农作物面积提取精度的影响。通过生成 2km×2km 网格,将研究区划分为 42 个网格区域,从左下至右上依次编号为 1~42,由于网格范围与影像范围的不一致,在部分边缘区域网格内只有部分区域具有影像数据,具体如图 8-1 所示。采用斑块平均面积指标,计算各网格内冬小麦地块的破碎度,并根据破碎度将研究区划分为高破碎度、中破碎度和低破碎度 3 个等级,统计并分析不同破碎度下作物面积识别精度与不同空间分辨率尺度之间的关系。采用像元内冬小麦面积占比的变化与像元可识别能力关系的比较,定量分析像元被误分的最低面积比例,为不同破碎度区域遥感影像选择奠定基础。依据冬小麦斑块数量、斑块面积平均值的变化,结合像元大小增加过程中斑块损失信息比较,分析不同空间分辨率遥感影像农作物斑块识别能力的变化。采用斑块内影像光谱 DN 标准差作为衡量指标,比较不同空间分辨率条件下农作物斑块的光谱反射率一致性的变化,分析影像空间分辨率的变化对农作物光谱识别能力的影响。

8.4.2　地面调查

地面调查主要包括研究区冬小麦的分布情况，为冬小麦目视解译提取提供实测数据参考。主要方法为结合高分辨率卫星遥感影像，利用 GPS 技术，测定地块的位置，并记录地块内地物类别、冬小麦长势，拍摄相关地物照片，为遥感影像目视解译提供先验专家知识。

8.4.3　景观破碎度计算

破碎度表征分类结果被分割的破碎程度，反映景观空间结构的复杂性。本章主要使用冬小麦地块平均面积的方法来研究地块破碎度，具体公式如下所示。

$$C_i = \frac{A_i}{N_i}$$

式中，C_i 为第 i 块区域的景观破碎度；A_i 为第 i 块区域的作物斑块总面积；N_i 为第 i 块区域的作物斑块个数。一般情况下，作物大多分块种植，因此通过破碎度的研究，可以在一定程度上研究分类结果的准确程度。同时，由于破碎度与混合像元之间存在紧密的关联，因此需要研究不同破碎度情况下冬小麦识别精度的差异情况。

8.4.4　精度验证方式

基于研究区 GE 19 级影像的目视解译结果作为准确分类结果，以此为真值，采用混淆矩阵、Kappa 系数、总体精度、制图精度、用户精度等 5 种方式对分类精度进行描述比较。总体精度是指所有被正确分类的像元总和除以总像元数。制图精度是指正确分为 A 类的像元数与 A 类真实参考总数的比率。用户精度是指正确分到 A 类的像元总数与分类器将整个影像的像元分为 A 类的像元总数（混淆矩阵中 A 类行的总和）的比率。

由于区域冬小麦提取总面积在产量估产中具有重要作用，因此在不考虑作物像元空间位置的情况下，只考虑冬小麦面积提取值与实际冬小麦面积值之间的差异情况，评价在不同空间尺度下，混合像元及其他原因造成冬小麦识别遗漏或识别增加情况对冬小麦总面积提取值的影响趋势。

8.5　研究过程和结果

8.5.1　冬小麦面积识别精度的尺度效应

对所有分辨率尺度的遥感影像进行目视解译分类，各级影像的分类结果如图 8-2 所示。以 GE 19 级影像目视解译结果作为标准分类结果，对其他影像的分类

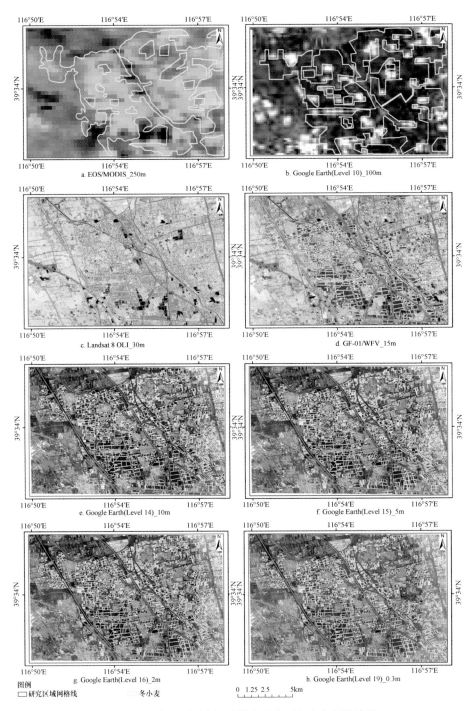

图 8-2　研究区不同空间分辨率尺度下冬小麦识别结果

结果进行精度评价，评价结果如表 8-2 所示，表中面积比例指的是分类结果中冬小麦面积与准确值之间的差异，面积识别精度指的是冬小麦面积提取总体精度。由表 8-2 可以看出，250m 空间分辨率影像的面积比例与标准分类结果差异最大、面积识别精度最低，随着影像空间分辨率的增强，错分现象逐步改善，GE 16 级影像分类效果最佳，面积比例、面积识别精度和 Kappa 系数分别达到 5.5%、98.6%和 0.96。分析对比不同级别影像数据的错分像元，可以发现主要是由混合像元的逐渐增多造成的。由于有地面实测数据支持的目视解译在一定程度上可以视为计算机自动分类所能达到的最大识别精度，因此这也表明了增强影像分辨率是提高农作物面积识别提取的必要前提。

表 8-2 不同像元空间分辨率尺度下冬小麦面积识别精度

序号	影像来源	分辨率/m	面积比例/%	面积识别精度/%	Kappa 系数
1	EOS/MODIS	250	110.6	70.1	0.39
2	Google Earth（Level 10）	100	86.0	70.3	0.38
3	Landsat 8 OLI	30	−6.9	87.6	0.62
4	GF-01/WFV	15	−7.4	88.4	0.65
5	Google Earth（Level 14）	10	10.0	97.1	0.92
6	Google Earth（Level 15）	5	5.9	98.5	0.96
7	Google Earth（Level 16）	2	5.5	98.6	0.96
8	Google Earth（Level 19）	0.3	0.0	100.0	1.00

由表 8-2 可以看出，随着空间分辨率的降低，面积识别精度降低的速度逐渐平缓，而面积比例误差却一直在增大。原因在于，目视解译情况下，虽然混合像元不断出现，但是随着单个像元的不断增大，混合像元中冬小麦的面积占比逐渐减小，导致像元无法识别为冬小麦像元，冬小麦的面积识别比率不断降低。而面积识别精度为分类总体精度，虽然冬小麦面积随着空间分辨率的降低而不断降低，但是原先在高空间分辨率下分类为冬小麦的混合像元，由于冬小麦像元面积占比的不断减小，逐渐分类成了其他地物，使得其他地物的识别精度逐渐上升，导致总体精度逐渐趋于稳定。

8.5.2 冬小麦识别精度与景观破碎度的关系

用面积破碎度指标，计算研究区内 42 个网格内每个冬小麦地块的平均面积作为破碎度，将破碎度从高到低进行排序，将所有网格归类为高破碎度、中破碎度、低破碎度 3 个等级，高破碎度条件下斑块的平均大小为 2837m²，中破碎度条件下斑块的平均大小为 6914m²，低破碎度斑块平均大小为 12 320m²。同时计算不同分辨率尺度下，高、中、低 3 个不同破碎度等级网格范围内的冬小麦面积识别精度，统计结果如表 8-3 所示，趋势图如图 8-3 所示。

表 8-3　不同破碎度及空间分辨率尺度下冬小麦面积识别精度（%）

影像空间分辨率/m	高破碎度	中破碎度	低破碎度
250	19.2	34.7	52.4
100	18.6	32.7	50.7
30	46.3	69.1	79.7
15	51.2	71.5	80.5
10	64.6	88.5	94.3
5	70.5	94.2	98.5
2	70.7	94.2	98.8

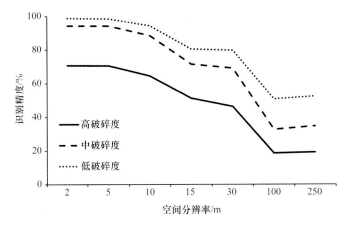

图 8-3　不同破碎度情况下农作物面积识别精度随空间分辨率的变化趋势

从表 8-3 和图 8-3 中可以发现以下趋势：作物的面积识别精度与作物地块破碎度之间存在显著的相关性，破碎度越高，作物面积识别精度越低，如在 15m 空间分辨率条件下，低破碎度、中破碎度、高破碎度对应的冬小麦识别精度分别为 80.5%、71.5%、51.2%，这主要是由于相同尺度下，破碎度越高，混合像元的比例就越大，从而导致面积识别精度的降低；另外，随着空间分辨率不断降低，不同破碎度条件下作物面积识别精度的降低速度也不同，破碎度越高的地区，面积识别精度降低的速度要快于破碎度低的区域，低破碎度、中破碎度、高破碎度区域随着空间分辨率从 2m 降低到 250m，作物识别精度分别降低了 47.0%、63.2%、72.8%，这主要是由于破碎度越高的地区，随着空间尺度变大，将会有更多的混合像元无法被识别，导致识别精度迅速降低。因此，高破碎度区域相比低破碎度区域，必须使用更高空间分辨率的遥感影像才能达到相同的作物面积提取精度。

8.5.3　冬小麦像元可识别程度的尺度效应

以 0.3m 空间分辨率的 GE 19 级影像分类结果作为基准，并认为该空间分辨率下的遥感影像中的像元都是纯净像元，计算其他不同空间分辨率尺度下冬小麦混合像元的情况，表 8-4 为计算结果。表 8-4 中，主要以该级别影像中分类为冬小麦影像像元的冬小麦面积占比为描述对象。计算表明，随着空间分辨率的降低，每个像元中冬小麦的面积占比不断减小，从 0.94 降低到了 0.45，且冬小麦像元面积的像元占比近 50%时，冬小麦像元才能够被识别，当混合像元中冬小麦面积占比过小时，将直接导致冬小麦像元的分类遗漏。

表 8-4 不同空间分辨率尺度下冬小麦像元面积占比

影像来源	空间分辨率/m	斑块数/个	平均值	最大值	最小值	变异系数
EOS/MODIS	250	4	0.45	0.62	0.23	0.61
Google Earth（Level 10）	100	8	0.47	0.66	0.05	0.59
Landsat 8 OLI	30	1131	0.66	0.99	0.00	0.52
GF-01/WFV	15	1503	0.70	1.00	0.00	0.41
Google Earth（Level 14）	10	2809	0.83	0.99	0.00	0.30
Google Earth（Level 15）	5	3518	0.94	1.00	0.00	0.21
Google Earth（Level 16）	2	3505	0.94	1.00	0.00	0.20

8.5.4 冬小麦斑块大小的尺度效应

以 0.3m 空间分辨率的 GE 19 级影像分类结果作为基准影像，对其他等级影像分类结果中被丢失的冬小麦斑块进行统计分析，结果如表 8-5 所示。由表 8-5 可以看出，对于不同空间分辨率的遥感影像，随着空间分辨率的降低，分类结果中丢失的冬小麦斑块的个数明显增加，丢失的冬小麦斑块的平均面积也明显增加。这表明，空间分辨率的降低将导致在高空间分辨率下分离的斑块产生"融合"效应，导致破碎度的降低，并导致细小斑块的遗失。在结果中也发现，一些狭长的斑块在空间分辨率降低的同时更容易发生丢失现象，这主要是由于狭长地物更易与周围背景地物形成混合像元。图 8-4 为 GE 19 级影像和 Landsat 8 影像在 25 号网格内的冬小麦识别结果，可以看出基于 Landsat 8 数据的识别结果中狭长区域地块的缺失。

表 8-5 不同空间分辨率尺度下冬小麦斑块数及平均面积

影像空间分辨率/m	斑块数/个	平均面积/hm²	丢失斑块数/个	丢失平均面积/hm²
250	4	2072.3	404	0.57
100	8	422.3	418	0.48
30	1131	2.4	360	0.26
15	1503	1.8	350	0.26
10	2809	1.2	43	0.18
5	3518	0.9	30	0.15
2	3505	0.9	18	0.13
0.3	3550	0.8	—	—

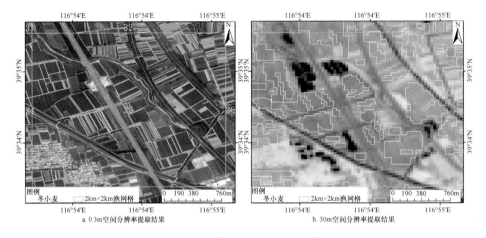

a. 0.3m空间分辨率提取结果　　　　　　　　　　b. 30m空间分辨率提取结果

图 8-4　不同空间分辨率影像冬小麦斑块丢失对比

8.5.5　冬小麦光谱变化的尺度效应

为了具体研究不同空间分辨率尺度下,冬小麦地类范围内像元光谱值的变化,利用 GE 19 级 0.3m 空间分辨率影像的 DN 作为统计对象,分别按照从 250m 空间分辨率到 0.3m 空间分辨率冬小麦分类单元进行统计,统计各等级下冬小麦分类单元间 DN 的标准差,分析其变化趋势,结果如图 8-5 所示。可以明显看出,随着空间分辨率的不断提高,各个波段的冬小麦 DN 的标准差不断减少,以红光波段为例, DN 标准差从 250m 空间分辨率的 32.6 降低到 0.3m 空间分辨率的 10.3。这表明冬小麦像元之间的光谱随着空间分辨率的提高越来越趋于一致。同时,这也从侧面说明,随着空间分辨率的不断降低,混入到冬小麦分类斑块中的非冬小麦像元数量不断增加,导致冬小麦分类结果的 DN 标准差不断增大,冬小麦分类识别精度不断降低。

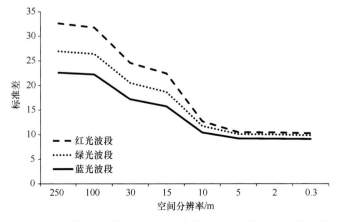

图 8-5　不同空间分辨率尺度冬小麦像元 DN 标准差变化趋势图

8.6　小　　结

本章利用 Google Earth 影像、Landsat 影像、GF-1 影像、MODIS 影像等不同空间分辨率的遥感影像，研究不同空间尺度下冬小麦作物面积提取识别精度的变化情况，主要结论如下。

（1）冬小麦分类识别精度随着遥感影像空间分辨率的降低而不断降低。随着空间分辨率由 2m 逐渐降低到 250m，冬小麦面积识别总体精度也由 98.6%降低到 70.1%，Kappa 系数也随之降低，从 0.96 降低到 0.39，这表明冬小麦分类识别精度与遥感影像空间分辨率之间存在很强的正相关关系，提高遥感影像空间分辨率是提升作物面积识别精度的必由之路。

（2）冬小麦分类精度与地块破碎度关系密切。相同空间分辨率尺度下，地块破碎度越高，冬小麦面积识别精度越低；相同的地块破碎度条件下，空间分辨率越低，冬小麦面积识别精度也越低；破碎度越高的地区，随着空间分辨率的降低，作物面积识别精度降低的速度相比低破碎度区域来得更快。这主要是由于高破碎度情况下，混合像元的数目相比低破碎度更多，作物识别能力也就越差，且随着空间分辨率的降低，高破碎度的地区会有越来越多的冬小麦像元被漏分，导致精度降低的速度也比低破碎度的情况下更快。

（3）冬小麦识别能力与像元内冬小麦的面积占比及冬小麦斑块的大小密切相关。随着分辨率由 2m 降低到 250m，冬小麦面积像元占比平均值由 0.94 降低到了 0.45，表明像元内冬小麦占比达到 0.45 以上时才易于被识别为冬小麦像元。同时分析发现，狭长作物分类斑块更容易随着空间分辨率的降低而丢失，这是由于狭长地块更容易产生混合像元，导致冬小麦区域光谱与背景光谱值趋同，识别能力降低。

（4）随着空间分辨率的不断增加，冬小麦波段平均 DN 的标准差不断减小，冬小麦像元之间的光谱随着空间分辨率的提高越来越趋于一致。以红光波段为例，DN 标准差从 250m 空间分辨率的 32.6 降低到 0.3m 空间分辨率的 10.3。这也表明，随着空间分辨率的降低，混入冬小麦分类斑块中的非冬小麦像元数量不断增加，最终导致冬小麦分类识别精度的降低。

综上所述，冬小麦作物面积识别精度与遥感影像尺度存在密切的关联，同时地块破碎度也是影响着面积识别精度的重要因素，且其影响程度与空间尺度密切相关。在选取遥感影像进行冬小麦作物面积提取时，必须要综合考虑研究区的作物分布、地块破碎度，并选取合适的空间分辨率，才能满足作物面积遥感监测的精度要求。

第 9 章　农作物面积遥感监测硬件平台和软件环境

9.1　开　发　背　景

农业是遥感应用中最重要和最广泛的领域之一。我国的农业遥感起步于 20 世纪 80 年代初，在短短的十几年里进行了大量赶超世界先进水平的理论研究与应用研究，获得了大量成果。近几年，随着国家国防科技工业局"高分辨率对地观测系统专项"的实施，国产高分辨率卫星影像陆续投入使用，能够获取到的卫星影像数据量也在呈几何倍数增长，随之而来的是计算量也急剧增加。这就造成了遥感行业在获取更多更高分辨率卫星影像的同时，要加速推进遥感影像处理方法的提升，促进高性能计算方法和技术的发展。

根据高分农业遥感监测的数据存储分发、任务管理、数据并行处理等的任务需求，搭建了面向高分数据处理的并行环境，研发了高分辨率遥感数据农业数据库管理系统和任务管理系统，形成了数据管理、调度的流程，极大地提高了高分数据的处理能力。

9.2　硬件环境建设

9.2.1　硬件结构概述

高分数据并行处理系统主要由硬件、软件及网络三大部分构成，具体到硬件部分又可细分为基础硬件、计算及管理服务器、高性能计算网络及管理网络、高性能存储等几部分，其中高性能计算（high performance computing，HPC）的核心硬件部分包括计算节点服务器、高性能计算网络及高性能存储，其他则是保证 HPC 的辅助硬件设备，高分数据并行处理系统平台逻辑结构如图 9-1 所示。

高分数据并行处理系统平台中核心硬件中计算节点主要由 IBM 刀片服务器承载，数据存储及计算空间由华为 N8500 集群 NAS 提供，网络部分主要是由 56G FDR InfiniBand 作为计算节点的计算网络，万兆光纤作为集群 NAS 存储的数据传输网络。

9.2.2　并行计算集群

1. HPC 集群介绍

中国农业科学院农业资源与农业区划研究所（以下简称区划所）高分数据并

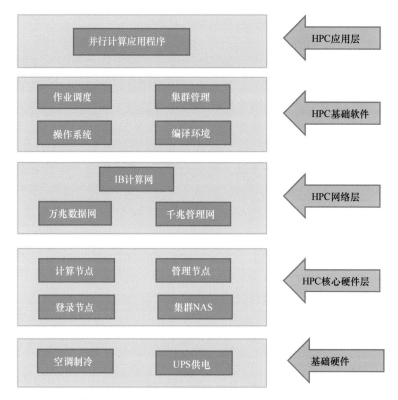

图 9-1　中国农业科学院农业资源与农业区划研究所高分数据并行处理系统逻辑架构

行处理系统平台中计算集群系统的搭建，主要采用的是刀片服务器的形式，其包括以下几部分。

1）管理（节点）服务器

管理（节点）服务器是集群系统管理（CSM）服务器，它使用 CSM 功能专门控制集群，负责系统安装、监视、维护和其他任务。

在区划所高分数据并行处理系统平台中使用了一台 IBM X3650 两路机架服务器作为集群管理服务器；同时这台服务器还担当了集群中的登录节点服务器，作为外部终端访问集群系统的通道。

2）存储服务器和磁盘

区划所高分数据并行处理系统平台中存储服务器和磁盘由华为 N8500 集群 NAS 系统统一提供服务，它在计算集群中提供了跨不同平台的共享文件系统访问。

3）用户节点

本系统中用户节点与管理节点共用 IBM X3650 同一台服务器。理想情况下，集群的计算节点不应该接受外部连接，只应当由管理员通过管理服务器访问。系统用户可以登录到用户节点（或登录节点），在集群上运行他们的工作。每个用户节点都包含带有完整编辑功能的镜像、必要的开发工具、编译器、开发支持集群的应用程序和检索结果所必需的所有其他内容。

4）调度器节点

为了在集群上运行工作负荷，用户应当把自己的工作提交到调度器节点上。在一个或多个调度器节点上运行的调度器守护程序使用预定的策略在集群上运行工作负荷。与计算节点一样，调度器节点也不应当接受来自用户的外部连接。系统管理员应当从管理服务器中管理它们。

5）计算节点

这些节点运行集群的工作负荷，接受来自调度器的作业。计算节点是集群中最常使用的部分。系统管理员可以轻易地使用管理服务器重新安装或配置它们，本系统中计算节点服务器由 3 套 IBM Flex 刀箱共 42 台 X240 刀片构成。

6）外部连接——作为访问集群系统的通道

区划所高分数据并行处理系统平台由高性能的基于 Intel 64 位至强处理器芯片的 IBM Flex X240 刀片服务器搭建。该处理器还具有很高的可扩展性、可靠性和兼容性，从而可以降低系统的整体运营成本。

集群系统主要硬件如下。

➢ 计算节点：42 台基于 Intel 64 位至强处理器芯片的 IBM Flex X240 刀片服务器

➢ 管理节点：1 台基于 Intel 64 位至强处理器芯片的 IBM X3650M4 服务器

➢ 控制台：KVM 交换机、机架键盘和液晶显示器

➢ 系统域网：1 台 Mellanox 36 口 FDR 交换机

➢ 机柜、电源插座、连接线缆和附件

7）系统物理架构

系统物理架构如图 9-2 所示。

2. HPC 集群硬件配置

1）计算节点

共 42 台刀片，采用 IBM Flex X240 刀片服务器，2 个 E5-2650v2 8C 2.6GHz 处理器，4*8GB 1866MHz 内存，1 块 300GB SAS 热插拔硬盘，IBM IB6132 双口 56Gb InfiniBand 模块，IBM EN4132 双口万兆以太网模块。

理论上，每个节点能提供的计算能力是：140.8GFlops*2CPU=281.6GFlops，因此 42 个节点理论上能提供 11.82T 的浮点计算能力。

2）管理、登陆节点

部署 1 台 IBMX3650M4 作为管理和登陆节点。每个节点配置 2 个 Intel Xeon E5-2650V2 处理器、32GB 1600MHz ECC REG 内存，配置 2 个 300GB 2.5″SAS 硬盘，配置 LSI2308 卡，配置 1 张 InfiniBand 双端口-56Gb/s-PCIE 3.0 X8 - Device ID 1003-1-半高半长卡，1 张双端口万兆以太网卡。

HPC高分数据并行处理系统物理架构

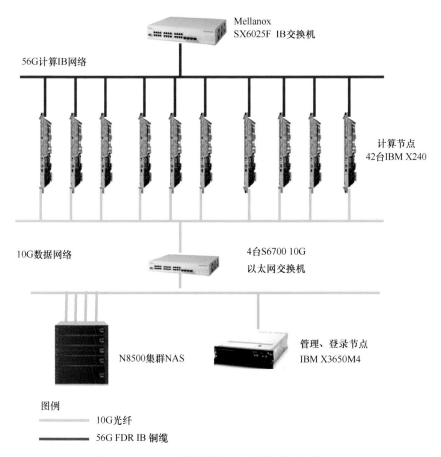

图 9-2　HPC 高分数据并行处理系统物理架构

3）交换机

计算网络，部署 1 台 Mellanox 核心 FDR IB 交换机，作为外部 IB 核心交换机，每刀箱内部配置一台速率为 56G 的 IBM IB6131 刀片机箱专用 IB 交换机作刀箱内部各刀片数据通信用，内部 IB 交换和外部核心 IB 交换之间采用 FDR FAT-TREE 无阻塞组网。

➢ 一台 1U 核心交换机中共 36 个 FDR（56Gb/s）端口

➢ 4.032Tb/s 的交换容量

➢ 可为前向纠错（FEC）提供 FDR/FDR10 支持

➢ 符合 InfiniBand 贸易协会（InfiniBand Trade Association，IBTA）规范 1.3 及 1.2.1

➢ 服务质量执行

- ➢ 端口镜像
- ➢ 自适应路由
- ➢ 拥塞控制
- ➢ 可逆气流
- ➢ 冗余电源
- ➢ 可更换风扇屉

根据实际情况，按交换机端口数全部满配 56G IB FDR 光缆。

集群硬件部署如图 9-3 所示。

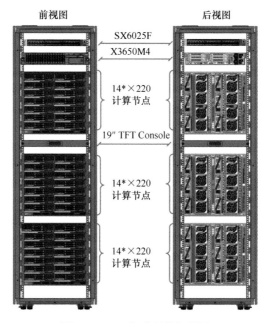

图 9-3　HPC 集群硬件部署图

Frame01 由下而上分别是 3 框 IBM Flex 刀片服务器、登陆（管理）节点服务器、IB 交换机，kvm 及液晶套件放在机柜中部。

9.2.3　存储

区划所高分数据并行处理系统平台中核心存储部分采用的是华为 N8500 集群 NAS 系统，该系统分为两个核心部分，一部分是对外提供文件服务的 NAS 文件引擎，文件引擎各节点之间采用集群方式，共同分担业务负载同时又互为冗余，本项目存储系统共配置了 8 个 NAS 文件引擎节点，每节点提供 2 个 10G 和 4 个 1G 对外端口；另一部分是提供存储空间的高性能 SAN 架构分级存储系统，本项目存储系统中提供 200G SSD 高速缓存磁盘 12 块，600G 15K 高转速一级存储磁盘 96 块共 57.6T，3TB 大容量近线 SAS 磁盘 207 块共 621TB，同时配置动态分级存储、smart cache 及 HyperThin 自动精简配置等系统功能软件。

9.2.4　网络

高分数据并行处理系统平台中核心网络分为两个主要部分，分别是高速率低延迟的 InfiniBand 计算网络（简称 IB 网络）和 10G FC 存储数据传输网络。

IB 网络，主要承载 HPC 时各计算节点间的数据交互业务，其外部核心交换机是一台 Mellanox SX6025F，提供 36 个 56G IB 端口，刀箱内部 IB 交换机是一台 IBM IB6131，提供 16 个 56G 对外接口、28 个 56G 对内接口，通过对外接口与核心交换机级联组成 FDR FAT-TREE 无阻塞 InfiniBand 计算网络。

10G FC 存储数据传输网，主要承载计算节点对存储设备中数据的读写调用，就是所说的数据 I/O 网络，本系统中由 4 台华为 S6700 万兆以太网交换为交换核心，它们两两堆叠后互为冗余构成双核心，集群 NAS 借助 iSCSI、FC、FCoE、NFS、CIFS、HTTP、FTP 等多种存储网络协议，通过多链路的聚合 40G 端口为计算节点提供磁盘空间。

9.3　管理平台开发

9.3.1　群管理平台

集群管理软件采用 IBM Xcat，用于批量部署、管理集群。

XCAT 是一个可伸缩的 Linux 集群管理和配置工具，可在 IBM eServer Cluster 1300 上的系统管理软件中使用。它由 Egan Ford 开发。它基本上是由 Shell 脚本写成，相当简捷。但是它实现了集群系统管理大部分的内容，是个非常出色的管理软件。

全自动化的安装：基于网络的，无人看管的安装。

远程管理和监视：远程电源管理和远程控制系统，支持 IBM eServer xSerie 系列服务器远程电源控制的高级系统管理特性；支持远程系统状态检测分析（风扇速度、温度、电压等）；支持远程详细检测系统状态、设备型号和 BIOS 等。

软件管理：包括并行管理工具及高性能软件管理，支持硬件事件日志记录、SNMP 认证警报，管理软件、并行 Shell 和其他工具运行在 xCAT 管理范围内的节点上。

9.3.2　数据库管理平台

高分辨率遥感数据农业数据库管理分系统在整个高分农业专题产品生产管理

平台中起到数据支撑作用，贯穿整个产品生产过程，其中最重要也是最核心的业务的就是数据存储。

依据数据本身的特点及应用的特点，整个数据库采用文件编目库、Oracle 关系表和基于 Oracle 的 ArcSDE 大型空间数据库结合的方式等进行存储，针对不同的数据类型和应用特点采用不同的存储模式。

1. 平台架构

高分辨率遥感数据农业数据库管理分系统是一个复杂的大型信息系统，建议采用"分层设计、模块构建"的思想，划分不同功能模块的逻辑结构，描述系统主要接口，以保证系统结构的合理性、可扩展性，具体应用架构如图 9-4 所示。

整个系统的构建依据农业行业相关标准和管理规范进行建设，并依据相应的信息安全体系构建，与存储设备、存储管理软件紧密结合，在存储设备之上建立高分农业遥感数据应用数据库，然后通过数据存储管理系统为应用系统及用户提供数据服务。

2. 业务流程

高分辨率遥感数据农业数据管理分系统是平台的数据支撑部分。完成遥感数据、遥感增值数据、产品结果数据、统计数据、地面测试数据等内容的入库、存储、管理及平台用户信息的管理。业务流程见图 9-5，主要包括以下 4 个环节。

1）数据归档入库

启动数据入库有 4 种情况：第一种情况是原始高分遥感影像数据、统计数据、气象数据、地面测量数据等归档入库；第二种情况是处理后的影像增值产品归档入库；第三种情况是处理后的气象数据、地面数据归档入库；第四种情况是产品生产完成，生产结果归档入库。

2）数据管理

数据管理包括数据查询、浏览、导入、导出、统计等功能。

3）数据维护

进行数据库运行参数配置，数据库运行调整优化；进行资源分类管理、产品目录与元数据表管理、数据字典管理；进行用户功能权限和数据访问分级授权管理、系统日志管理等以保障数据管理的安全性；执行数据字典管理、数据库运行状态的监控，以及各类运行参数的管理，数据的同步、迁移、备份、恢复等。

4）用户信息管理

对数据库用户及相关人员的管理，对用户进行分组，根据不同的分组赋予不同的权限，进而控制不同数据库用户对数据库的操作能力。

3. 总体功能结构

总体功能结构图见图 9-6。

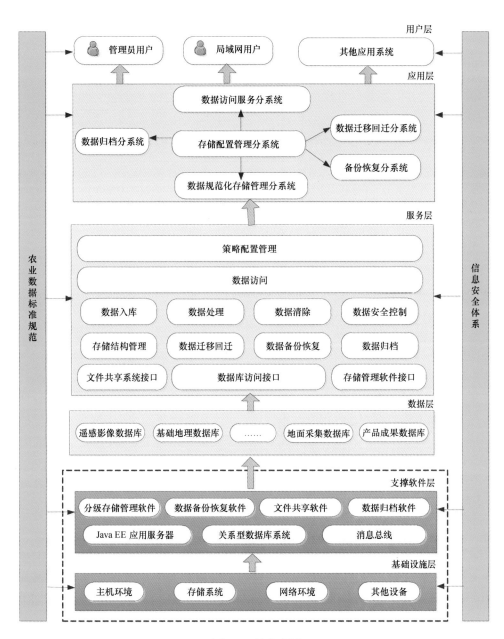

图 9-4　总体应用

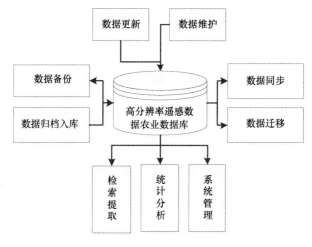

图 9-5 总体业务流程

4. 系统开发

在软件主界面设计中主要分为原始数据管理、专题产品数据管理、业务专题数据管理、系统维护和系统工具栏等 5 个层次。

原始数据管理包括：数据归档、挂载 TAR.GZ、资源目录、查询统计、数据下载、数据删除、类别管理、目录配置、下载统计、空间查询 10 个功能模块，点相应的功能点可以进入到对应的功能界面（图 9-7）。专题产品数据管理包括：产品归档、数据管理、查询统计、下载数据、删除数据、产品类别管理、目录配置、下载统计 8 个功能模块。业务专题数据管理有统计专题数据管理、气象专题数据管理、地面调查数据管理、涡度数据管理、波文比数据管理 5 个功能。系统维护包括：系统设置、用户管理、数据库管理三个功能。系统工具栏包括：主界面配置、切换用户、界面皮肤设置、显示当前登录用户和退出系统 5 个功能。

9.3.3 数据调度平台

高分数据管理平台将磁盘阵列划分为三个区域：核心存储区、数据处理区、数据交换区。核心存储区只用来存储原始影像和生产结果，用户只能检索、下载该区域的数据，对访问者要求权限较高；数据处理区完成大数据量的高速计算，为高分并行计算人员开辟工作空间，进行高分并行计算；数据交换区为每个工作人员开辟个人工作空间，供作业人员进行任务生产，完成各种数据交换，对权限要求较低。

高分数据是以任务来驱动调度，任务负责人根据下达任务内容，在数据库中检索符合条件的数据，将这些数据下载至工作空间中，供各个生产环节的人员使用；各个生产环节的结果通过审核后，由任务负责人将生产结果进行归档、入库。

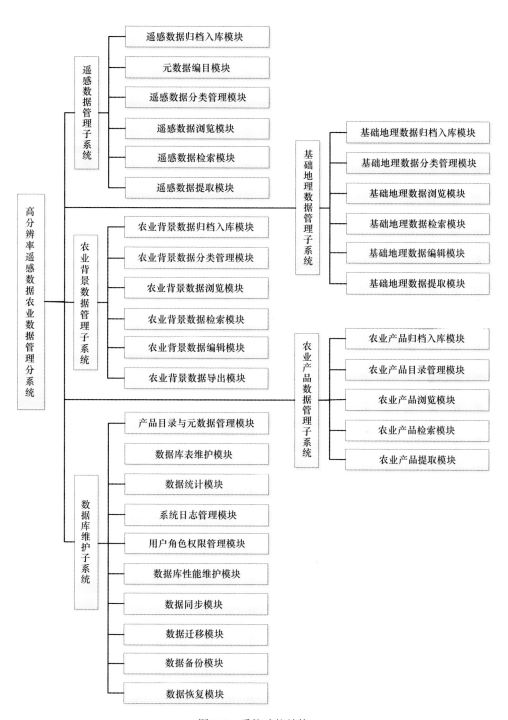

图 9-6　系统功能结构

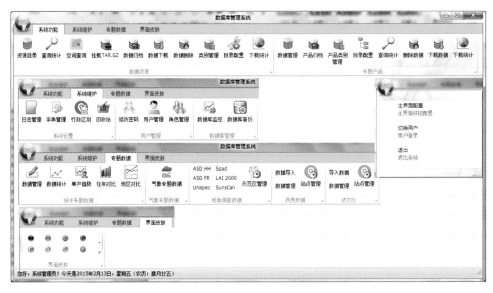

图 9-7　系统主界面层次图

任务调度支撑环境,任务调度系统平台采用 IBM Platform LSF 平台系列软件,该系列软件产品提供一个高性能负载管理平台,这个平台有一套综合的、基于智能的、策略驱动的调度策略,方便用户使用所有运算基础设施资源,灵活的批处理系统保证了最佳的应用性能。本系统采用 IBM Platform LSF 管理批处理负载,它将一个分布式计算网络平台作为一个超级计算机,将用户对资源的请求匹配,这个平台智能地将合适的工作分给正确的资源,使资源有效利用,减少浪费并实现最佳性能。

原始数据接收与入库,数据接收下来后,暂时存放在接收服务器连接的磁盘阵列中,由作业员在客户端使用影像检测软件对关键区域进行影像质量检查,合格的产品,通过数据迁移的方式,迁移到核心存储区,进行入库。

数据调度,数据的调度是在生产任务管理系统和数据库管理系统相结合的情况下完成的。首先在任务管理系统中自动或手动创建一个生产任务(图 9-8),在创建过程中,指定一个工作空间进行生产数据的存储,成功创建生产任务后,会向任务负责人发送生产任务信息,任务负责人可以根据任务设定的区域、影像要求时间、分辨率等条件在数据库中检索符合条件的高分影像,并在检索结果中浏览影像,选取最优数据,下载至任务工作空间,并指定各个环节生产人员,由管理系统向指定人员发送生产指令,进行生产。生产人员在进行自动化程度较高、数据量较大的环节中,能够通过任务管理系统向服务器申请资源,服务器根据各个流程编排的顺序和节点情况进行资源分配,迅速完成大数据量的处理任务。

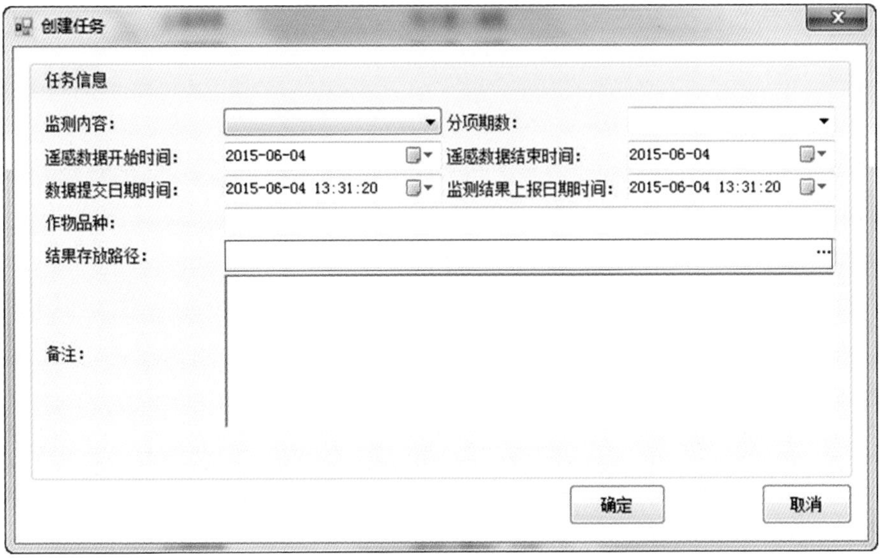

图 9-8　创建任务

成果数据归档入库，每个环节生产人员在任务生产完成后，都会通过任务管理系统向任务负责人发送任务完成指令，由任务负责人对各个生产环节结果进行审核，不符合条件的，向生产人员发送返工指令；符合条件的，由任务负责人在任务管理系统中选择成果归档，由任务管理系统自动连接到数据库管理系统归档模块，完成成果数据归档入库工作。

9.4　运行效率测试

9.4.1　并行能力

在高分农业遥感数据产品生产中，使用 GF-1 卫星 WFV 数据 167 景，数据大小 196G，执行正射校正，8 个并行计算，输出 167 景正射影像，数据大小 312G，平均处理时间为 4.68h，CPU 利用率 91%，内存占用率 76%。

在高分卫星大气校正软件中，使用大气数据 167 景，数据大小 312G，单机执行大气校正计算，输出 167 景表观反射率和 167 景地表反射率产品，数据大小 0.91T，大气校正的平均处理时间为 6.04h。

在高分农业遥感数据产品生产系统中，使用地表反射率产品 167 景，数据大小 312G，执行植被指数计算，8 个并行计算，输出 167 景归一化植被指数产品，数据大小 312G，平均处理时间为 0.89h，CPU 利用率 89%，内存占用率 74%；

在高分农业遥感监测与评价示范系统中，使用归一化植被指数产品 312G，执行批量裁切，输出指定区域归一化植被指数产品，计算最大 NDVI，评价作物长势，输出最终长势专题产品，平均处理时间为 5.15h。

9.4.2 计算效率

综合正射校正、大气校正、植被指数计算、长势评价专题产品生产整个流程，按输入 GF-1 卫星 WFV 一级数据 0.3TB 计算，前三个环节采用 8 个并行计算，平均处理时间 9.91h；第四个环节采用单机计算，平均处理时间 8.07h。长势评价专题产品从数据预处理到产品生产，整个流程的平均处理时间为 17.98h，小于 24h。

9.5 小 结

建设中国农业科学院农业资源与农业区划研究所高分数据并行处理系统平台，通过搭建的 IBM 刀片服务器集群系统改变了原有计算任务的单机计算方式，实现了作业任务的并行处理，由于采用了大带宽低延迟的 56G InfiniBand 网络作为计算网络，并行计算节点间的交互效能大大提高，计算的效率大幅提升，作业时间也明显减少，同时对计算资源的合理分配和调度也大大提高了设备的使用率，节省了投资。

对于高分数据并行处理系统平台中采用的集群 NAS 存储系统，由于采用通用 IP 网络部署方式，支持多种网络存储协议，降低了设备的部署难度，提高了异构平台在其上的通用性和兼容性，对不同平台系统的管理也更加方便；另外，由于存储空间统一管理，分级使用，通过集群 NAS 存储系统中的动态分级存储功能将热点数据自动写到高速磁盘上，而将非活跃数据自动放到低速磁盘中，在保证应用程序实时读写数据的同时也大大提高了磁盘的使用率。

第 10 章 展 望

农业遥感监测是卫星遥感的重要应用方向之一，农作物分类识别及面积获取则一直是农业遥感监测的主要研究方向之一，也可为农作物灾害遥感监测、农作物长势遥感监测、农作物产量遥感监测、农作物品质遥感监测等提供农作物空间分布制图成果。自 20 世纪 60 年代农业遥感发展以来，农作物识别及农作物种植面积提取技术取得了长足的进步，国内外多家机构展开了农业遥感监测研究，涌现出了一批面向业务应用的农业遥感监测系统，主要包括美国、加拿大、欧盟等的农业遥感监测系统。国内的农作物面积遥感监测研究主要集中在中国科学院、中国农业科学院、农业部规划设计研究院、北京师范大学等单位。到 20 世纪 90 年代末期，农业部遥感应用中心和中国科学院等单位先后开展了全国范围的农作物面积遥感监测业务试运行，目前已实现每年对我国和世界粮食主产国多种大宗农作物面积遥感监测的业务运行（吴炳方等，2010；陈水森等，2005；周清波，2004）。

农业部从 1998 年开始，逐步开展了国内外小麦、玉米、大豆、棉花、水稻、油菜和甘蔗等农作物面积、长势、产量监测的业务化运行，监测成果自 2004 年成为农业部农情会商的主要信息源之一，为我国农业生产决策提供了大量信息服务，产生了巨大的社会效益、经济效益。大范围农作物面积遥感监测一般选择抽样调查或全覆盖两种方式进行。在业务运行的早期，受到遥感数据价格高、有效数据少等因素影响，大范围尺度的农业遥感监测系统多采用抽样方法（刘国栋等，2015；申克建等，2012；焦险峰等，2006；陈仲新等，2000），即采用分层抽样等方法建立农作物面积空间抽样框，利用遥感影像获取抽样单元内的农作物面积，再外推整个监测区域的农作物面积。这种方式的监测精度受抽样框设计、样本选择和外推模型等因素影响较大，得到的仅是抽样区内单种农作物的分布信息，以及整个监测区域目标农作物的面积统计信息，没有形成覆盖全国或主产区的综合体现多种农作物空间分布的农作物空间分布本底图。随着中高空间分辨率遥感数据源的逐渐增多，各国在农作物面积监测时，逐渐开始向中分辨率影像全覆盖监测方式转变。从 2008 年开始，我国农业部遥感应用中心利用 5～30m 空间分辨率的卫星影像获得了全国水稻、冬小麦和玉米等大宗农作物的空间分布。这种方法可以获取农作物的空间分布，但受遥感影像覆盖范围和重访周期等因素影响，需同时使用多种传感器的数据，不同传感器数据提取的农作物分布结果之间存在一定的差异，影响了调查精度。此外，在农作物面积遥感识别与信息提取方法上，传统的分类方法适合于中小尺度的农作物面积监测，当大范围监测时，由于农作物的种植结构和物候期等发生变化，这些方法的参数需要人工调整，自动化程度低，导致工作量增大。

随着国内外高分辨率遥感监测卫星的不断发射，尤其是国内高分辨率对地观测系统专项的实施，越来越多的高分辨率、高性能遥感卫星投入到应用中来，长期困扰农业遥感监测的数据源瓶颈得到了极大的缓解。特别是 GF-1 和 GF-2 卫星的成功发射，为我国农业遥感提供了更多的有效数据。经过两年多的实践与探索，这些卫星数据在我国农业遥感业务工作中得到了广泛应用，已成为农业遥感的主要数据源之一。相对于以 Landsat 系列卫星影像为代表的中等分辨率遥感影像，高分卫星影像提供了更加丰富的纹理细节和空间结构信息，特别是 GF-1 卫星 WFV 影像具有 4 天的重访周期，最高达 800km 的幅宽，为监测大范围农作物面积提供了更多有效数据。农业部遥感应用中心以 GF-1 卫星影像为主要数据源，结合其他在轨中分辨率卫星影像，开展了全国冬小麦、春小麦、玉米、水稻、东北大豆和新疆棉花种植面积遥感监测工作。在全国冬小麦面积监测中，已连续三年全部采用 GF-1 卫星数据，大大降低了对国外数据的依赖，降低了系统运行成本，提高了系统的稳定性与安全性。

我国《国家民用空间基础设施中长期发展规划（2015—2025 年）》明确指出，要面向各行业及市场应用需求，"按照一星多用、多星组网、多网协同的发展思路，根据观测任务的技术特征和用户需求特征，重点发展陆地观测、海洋观测、大气观测三个系列，构建由七个星座及三类专题卫星组成的遥感卫星系统，逐步形成高、中、低空间分辨率合理配置，多种观测技术优化组合的综合高效全球观测和数据获取能力"。届时，国产卫星影像将在空间分辨率、时间分辨率、光谱分辨率等方面具备更丰富的组合，极大地提高农业遥感数据的获取效率，增强我国自主卫星影像的农作物识别能力。可以预见，基于国产卫星的农作物面积遥感监测将越来越受到重视。

目前，常规的农作物识别及面积提取方法已经较为成熟。在世界和我国高分数据保障率日益提高的大背景下，以专家知识库构建为基础，发展基于地块或对象单元的自适应智能分类方法，提高农作物识别精度与信息提取自动化程度，成为农作物面积监测与空间制图的主要发展方向。未来面向高精度农作物空间分布制图技术与动态更新方法，将为我国实现全口径农作物面积监测与制图业务化运行提供技术支撑，提高我国农作物面积监测、农作物估产和农业项目管理等的精度和时效性，为我国农业种植结构调整、保护和合理利用农业自然环境和农业自然资源，以及粮食安全和农产品贸易提供更加及时、科学和准确的信息。

作者在长期的农业遥感监测工作过程中，针对遥感卫星数据的预处理、农作物地面样方获取、农作物精确识别及面积提取技术方法、区域农作物面积获取等方面展开了一系列的研究工作，其中的工作有深有浅，但绝大部分都面向最终的业务化运行，并经过了实践的检验，以期为广大农业遥感监测工作提供一点参考。

参 考 文 献

白照广. 2013. 高分一号卫星的技术特点[J]. 中国航天, (8): 5-9.

蔡剑, 姜东. 2011. 气候变化对中国冬小麦生产的影响[J]. 农业环境科学学报, 30(9): 1726-1733.

陈水森, 柳钦火, 陈良富, 等. 2005. 粮食作物播种面积遥感监测研究进展[J]. 农业工程学报, 21(6): 166-171.

陈晓苗. 2010. 基于 MODIS-NDVI 的河北省主要农作物空间分布研究[D]. 石家庄: 河北师范大学硕士学位论文.

陈仲新, 刘海启, 周清波, 等. 2000. 全国冬小麦面积变化遥感监测抽样外推方法的研究[J]. 农业工程学报, 16(5): 126-129.

程春泉, 邓喀中, 孙钰珊, 等. 2010. 长条带卫星线阵影像区域网平差研究[J]. 测绘学报, 39(2): 162-168.

崔红霞, 林宗坚, 孙杰. 2005. 无人机遥感监测系统研究[J]. 测绘通报, 2005(5): 11-14.

董婷, 孟令奎, 张文. 2015. MODIS 短波红外水分胁迫指数及其在农业干旱监测中的适用性分析[J]. 遥感学报, 19(2): 319-327.

范渭亮, 杜华强, 周国模, 等. 2010. 大气校正对毛竹林生物量遥感估算的影响[J]. 应用生态学报, 21(1): 1-8.

冯美臣, 杨武德, 张东彦, 等. 2009. 基于 TM 和 MODIS 数据的水旱地冬小麦面积提取和长势监测[J]. 农业工程学报, 25(3): 103-109.

冯伟, 朱艳, 姚霞, 等. 2009. 利用红边特征参数监测小麦叶片氮素积累状况[J]. 农业工程学报, 25(11): 194-201.

顾行发, 陈良富, 余涛, 等. 2008. 基于 CBERS-02 卫星数据的参数定量反演算法及软件设计[J]. 遥感学报, 12(4): 546-552.

郭红, 顾行发, 谢勇, 等. 2014. 基于 ZY-3CCD 相机数据的暗像元大气校正方法分析与评价[J]. 光谱学与光谱分析, (8): 2203-2207.

郭玉宝, 池天河, 彭玲, 等. 2016. 利用随机森林的高分一号遥感数据进行城市用地分类[J].测绘通报, (5): 73-76. DOI: 10.13474/j.cnki.11-2246.2016.0159.

郝建亭, 杨武年, 李玉霞, 等. 2008. 基于 FLAASH 的多光谱影像大气校正应用研究[J]. 遥感信息, (1): 78-81.

何海舰. 2006. 基于辐射传输模型的遥感图像大气校正方法研究[D]. 长春: 东北师范大学硕士学位论文.

何浩, 朱秀芳, 潘耀忠, 等. 2008. 尺度变化对冬小麦种植面积遥感测量区域精度影响的研究[J]. 遥感学报, 12(1): 168-175.

何颖清, 邓孺孺, 陈蕾, 等. 2010. 复杂地形下自动提取多暗像元的TM影像大气纠正方法[J]. 遥感技术与应用, 25(4): 532-539.

胡潭高, 张锦水, 马卫峰, 等. 2010. 粮食作物面积遥感测量运行系统的设计与实现[J]. 农业工程学报, 26(3): 163-170.

胡晓曦, 李永树, 李何超, 等. 2010. 无人机低空数码航测与高分辨率卫星遥感测图精度试验分析[J]. 测绘工程, 19(4): 68-74.

黄健熙, 贾世灵, 武洪峰, 等. 2015. 基于 GF-1 WFV 影像的作物面积提取方法研究[J]. 农业机械学报, 46(1): 253-259.

黄敬峰, 王渊, 王福民, 等. 2006. 油菜红边特征及其叶面积指数的高光谱估算模型[J]. 农业工程学报, 22(8): 22-26.

黄琪, 张宗毅. 2015. 基于 Google 软件的农地区高程获取及精度评价[J]. 测绘通报, (2): 51-54.

黄祎琳. 2013. 基于遥感图像大气校正的意义与发展[J]. 科技创新与应用, (36): 44-45.

江淼, 张显峰, 孙权, 等. 2011. 不同分辨率影像反演植被覆盖度的参数确定与尺度效应分析[J]. 武汉大学学报(信息科学版), 36(3): 311-315.

姜亚珍, 张瑜洁, 孙琛, 等. 2015. 基于 MODIS-EVI 黄淮海平原冬小麦种植面积分带提取[J]. 资源科学, 37(2): 417-424.

焦险峰, 杨邦杰, 裴志远. 2006. 基于分层抽样的中国水稻种植面积遥感调查方法研究[J]. 农业工程学报, 22(5): 105-110.

金伟, 葛宏立, 杜华强, 等. 2009. 无人机遥感发展与应用概况[J]. 遥感信息, (1): 88-92.

康峻, 侯学会, 牛铮, 等. 2014. 基于拟合物候参数的植被遥感决策树分类[J]. 农业工程学报, 30(9): 148-156.

李丹丹, 刘佳, 周清波, 等. 2014. 尺度变化对油菜种植面积遥感监测精度的影响[J]. 中国农业资源与区划, (6): 85-92.

李国砚, 张仲元, 郑艳芬, 等. 2008. MODIS 影像的大气校正及在太湖蓝藻监测中的应用[J]. 湖泊科学, 20(2): 160-166.

李平阳, 郭品文, 国文哲. 2015. 基于 HJ-1A 卫星数据的衡水地区冬小麦面积遥感估算应用[J]. 气象与减灾研究, 38(2): 47-54.

李天坤. 2013. 基于面向对象分类方法的烟草种植面积提取研究[D]. 成都: 四川农业大学硕士学位论文.

李卫国, 赵春江, 王纪华, 等. 2007. 基于卫星遥感的冬小麦拔节期长势监测[J]. 麦类作物学报, 27(3): 523-527.

李霞, 王飞, 徐德斌, 等. 2008. 基于混合像元分解提取大豆种植面积的应用探讨[J]. 农业工程学报, 24(1): 213-217.

李小文, 王祎婷. 2013. 定量遥感尺度效应刍议[J]. 地理学报, 68(9): 1163-1169.

李鑫川, 徐新刚, 王纪华, 等. 2013. 基于时间序列环境卫星影像的作物分类识别[J]. 农业工程学报, 29(2): 169-176.

李紫薇, 曹红杰. 1998. 无人机海监测绘遥感系统的应用前景[J]. 遥感信息, (4): 32-33.

梁友嘉, 徐中民. 2013. 基于 SPOT-5 卫星影像的灌区作物识别[J]. 草业科学, 30(2): 161-167.

林文鹏, 王长耀, 储德平, 等. 2006. 基于光谱特征分析的主要秋季作物类型提取研究[J]. 农业工程学报, 22(9): 128-132.

凌春丽, 朱兰艳, 吴俐民. 2010. WorldView-2 影像林地信息提取的研究与实现[J]. 测绘科学, 35(5): 205-207.

刘国栋, 邬明权, 牛铮, 等. 2015. 基于 GF-1 卫星数据的农作物种植面积遥感抽样调查方法[J]. 农业工程学报, 31(5): 160-166.

刘海启, 裴志远, 张松岭, 等. 2001. 资源一号卫星 CCD 图像在作物面积监测中的应用[J]. 农业工程学报, 17(4): 140-143.

刘吉凯, 钟仕全, 梁文海. 2015. 基于多时相 Landsat8 OLI 影像的作物种植结构提取[J]. 遥感技术与应用, 30(4): 775-783.

刘佳, 王利民, 滕飞, 等. 2016. RapidEye卫星红边波段对农作物面积提取精度的影响[J]. 农业工程学报, 32(13): 140-148.

刘军, 张永生, 王冬红. 2006. 基于 RPC 模型的高分辨率卫星影像精确定位[J]. 测绘学报, 35(1): 30-34.

刘克宝, 刘述彬, 陆忠军, 等. 2014. 利用高空间分辨率遥感数据的农作物种植结构提取[J]. 中国农业资源与区划, 35(1): 21-26.

刘磊, 江东, 徐敏, 等. 2011. 基于多光谱影像和专家决策法的作物分类研究[J]. 安徽农业科学, 39(25): 1703-1706.

刘良云. 2014. 叶面积指数遥感尺度效应与尺度纠正[J]. 遥感学报, 18(6): 1158-1168.

刘伟刚, 郭铌, 李耀辉, 等. 2013. 基于 FLAASH 模型的 FY-3A/MERSI 数据大气校正研究[J]. 高原气象, 32(4): 1140-1147.

刘咏梅, 汪步惟, 李京忠, 等. 2015. 黄土丘陵沟壑区枯枝落叶层和土壤的光谱差异特征分析[J]. 农业工程学报, 31(2): 147-154.

刘悦翠, 樊良新. 2004. 林业资源遥感信息的尺度问题研究[J]. 西北林学院学报, 19(4): 165-169.

刘兆军. 2013. "高分一号" 遥感相机填补国内高分辨对地观测空白[J]. 航天返回与遥感, (2): 1-2.

栾海军, 田庆久, 余涛, 等. 2013. 基于分形理论的 NDVI 连续空间尺度转换模型研究[J]. 光谱学与光谱分析, 33(7): 1857-1862.

罗江燕, 塔西甫拉提·特依拜, 陈金奎. 2008. 基于表观反射率的渭一库绿洲植被动态变化分析[J]. 水土保持研究, (5): 65-67.

马丽, 徐新刚, 贾建华, 等. 2008. 利用多时相TM影像进行作物分类方法[J]. 农业工程学报, 24(2): 191-195.

马玥, 姜琦刚, 孟治国, 等. 2016. 基于随机森林算法的农耕区土地利用分类研究[J]. 农业机械学报, 47(1): 297-303.

浦吉存, 董谢琼, 尤临. 2004. NOAA/AVHRR 资料在低纬高原小春作物估产中的初步应用[J]. 中国农业气象, 25(1): 54-56.

秦元伟, 赵庚星, 姜曙千, 等. 2009. 基于中高分辨率卫星遥感数据的县域冬小麦估产[J]. 农业工程学报, 25(7): 118-123.

单捷, 岳彩荣, 江南, 等. 2012. 基于环境卫星影像的水稻种植面积提取方法研究[J]. 江苏农业学报, 28(4): 728-732.

申克建, 何浩, 蒙红卫, 等. 2012. 农作物面积空间抽样调查研究进展[J]. 中国农业资源与区划, 33(4): 11-16.

苏伟, 姜方方, 朱德海, 等. 2015. 基于决策树和混合像元分解的玉米种植面积提取方法[J]. 农业机械学报, 46(9): 289-295.

唐华俊, 吴文斌, 杨鹏, 等. 2010. 农作物空间格局遥感监测研究进展[J]. 中国农业科学, 43(14): 2879-2888.

田海峰, 王力, 牛铮, 等. 2015. 基于新遥感数据源的县域冬小麦种植面积提取[J]. 中国农学通报, 31(5): 220-227.

汪韬阳, 张过, 李德仁, 等. 2014. 资源三号测绘卫星影像平面和立体区域网平差比较[J]. 测绘学报, 43(4): 389-395.

王迪, 周清波, 刘佳. 2012. 作物面积空间抽样研究进展[J]. 中国农业资源与区划, 33(2): 9-14.

王方永, 王克如, 李少昆, 等. 2011. 应用两种近地可见光成像传感器估测棉花冠层叶片氮素状况[J]. 作物学报, 37(6): 1039-1048.

王建, 潘竞虎. 2002. 基于遥感卫星图像的ATCOR2快速大气纠正模型及应用[J]. 遥感技术与应用, 17(4): 193-197.

王来刚, 郑国清, 陈怀亮, 等. 2011. 基于HJ-CCD影像的河南省冬小麦种植面积变化全覆盖监测[J]. 中国农业资源与区划, 32(2): 58-62.

王利民, 刘佳, 杨福刚, 等. 2015. 基于GF-1卫星遥感的冬小麦面积早期识别[J]. 农业工程学报, 31(11): 194-201.

王利民, 刘佳, 杨玲波, 等. 2013. 基于无人机影像的农业遥感监测应用[J]. 农业工程学报, 29(18): 136-145.

王桥, 张峰, 魏斌, 等. 2009. 环境减灾-1A、1B卫星环境遥感业务运行研究[J]. 航天器工程, 18(6): 125-132.

王琼, 王克如, 李少昆, 等. 2012. HJ卫星数据在棉花种植面积提取中的应用研究[J]. 棉花学报, 24(6): 503-510.

王秀珍, 李建龙, 唐延林. 2004. 导数光谱在棉花农学参数测定中的作用[J]. 华南农业大学学报, 25(2): 17-21.

王秀珍, 王人潮, 黄敬峰. 2002. 微分光谱遥感及其在水稻农学参数测定上的应用研究[J]. 农业工程学报, 18(1): 9-13.

王学, 李秀彬, 谈明洪, 等. 2015. 华北平原2001—2011年冬小麦播种面积变化遥感监测[J]. 农业工程学报, 31(08): 190-199.

王一波, 邵伟伟, 罗新宇. 2010. Google Earth数据精度分析及在铁路选线设计中的应用[J]. 铁道勘察, 36(5): 68-71.

王永锋, 靖娟利. 2014. 基于FLAASH和ATCOR2模型的LandsatETM+影像大气校正比较[J]. 测绘与空间地理信息, 37(9): 122-125.

王玉鹏. 2011. 无人机低空遥感影像的应用研究[D]. 焦作: 河南理工大学硕士学位论文.

王园园, 陈云浩, 李京, 等. 2007. 指示冬小麦条锈病严重度的两个新的红边参数[J]. 遥感学报, 11(6): 875-881.

王中挺, 陈良富, 顾行发, 等. 2006. CBERS-02卫星数据大气校正的快速算法[J]. 遥感学报, 10(5): 709-714.

卫亚星, 王莉雯. 2010. 应用遥感技术模拟净初级生产力的尺度效应研究进展[J]. 地理科学进展, 29(4): 471-477.

魏新彩, 王新生, 刘海, 等. 2012. HJ卫星图像水稻种植面积的识别分析[J]. 地球信息科学学报, 14(3): 382-388.

邬明权, 王长耀, 牛铮. 2010. 利用多源时序遥感数据提取大范围水稻种植面积[J]. 农业工程学报, 26(7): 240-244.

吴炳方, 蒙继华, 李强子. 2010a. 国外农业遥感监测系统现状与启示[J]. 地球科学进展, 25(10): 1003-1012.

吴炳方, 蒙继华, 李强子, 等. 2010b. 全球农情遥感速报系统(CropWatch)新进展[J]. 地球科学进展, 25(10): 1013-1022.

吴岩真, 闻建光, 王佐成, 等. 2015. 遥感影像地形与大气校正系统设计与实现[J]. 遥感技术与应用, 30(1): 106-114.

武永利, 栾青, 田国珍. 2011a. 基于 6S 模型的 FY-3A/MERSI 可见光到近红外波段大气校正[J]. 应用生态学报, 22(6): 1537-1542.

武永利, 赵永强, 靳宁. 2011b. 单时相 MERSI 数据在冬小麦种植面积监测中的应用[J]. 中国农学通报, 27(14): 127-131.

谢彩香, 陈士林, 林宗坚, 等. 2007. 无人机遥感技术应用于药用植物资源调查研究[J]. 中国现代中药, 9(6): 4-6.

徐春燕, 冯学智. 2007. TM 图像大气校正及其对地物光谱响应特征的影响分析[J]. 南京大学学报(自然科学版), 43(3): 309-317.

徐萌, 郁凡, 李亚春, 等. 2006. 6S 模式对 EOS/MODIS 数据进行大气校正的方法[J]. 南京大学学报(自然科学版), 42(6): 582-589.

许文波. 2004. 大范围作物种植面积遥感监测方法研究[D]. 北京: 中国科学院遥感应用研究所博士学位论文.

许文波, 田亦陈. 2005. 作物种植面积遥感提取方法的研究进展[J]. 云南农业大学学报, 20(1): 94-98.

薛利红, 杨林章. 2008. 采用不同红边位置提取技术估测蔬菜叶绿素含量的比较研究[J]. 农业工程学报, 24(9): 165-169.

薛云. 2005. 基于实测光谱和 TM 影像的荔枝信息的提取[D]. 广州: 广州大学硕士学位论文.

闫峰, 王艳姣, 武建军, 等. 2009. 基于 Ts-EVI 时间序列谱的冬小麦面积提取[J]. 农业工程学报, 25(4): 135-140.

颜小平, 孙喆, 王峰, 等. 2013. Google Earth 在外业生产中离线应用的研究[J]. 测绘与空间地理信息, 36(5): 103-104.

杨华, 李小文, 高峰. 2002. 新几何光学核驱动 BRDF 模型反演地表反照率的算法[J]. 遥感学报, 6(4): 246-251.

杨晓光, 刘志娟, 陈阜. 2010. 全球气候变暖对中国种植制度可能影响 I.气候变暖对中国种植制度北界和粮食产量可能影响的分析[J]. 中国农业科学, 43(2): 329-336.

杨正银, 桂木政, 李跃宇. 2012. 无人机航摄影像测绘地形图的精度探讨[J]. 测绘, 35(4): 174-176.

姚付启, 张振华, 杨润亚, 等. 2009. 基于红边参数的植被叶绿素含量高光谱估算模型[J]. 农业工程学报, 25(增刊 2): 123-129.

姚云军, 秦其明, 赵少华, 等. 2011. 基于 MODIS 短波红外光谱特征的土壤含水量反演[J]. 红外与毫米波学报, 30(1): 9-14.

玉苏普江·艾麦提, 买合皮热提·吾拉木, 玉苏甫·买买提, 等. 2014. 基于多时相 HJ 卫星的渭干河-库车河绿洲主要农作物种植信息提取[J]. 中国农业资源与区划, 35(5): 38-43.

张过. 2005. 缺少控制的高分辨率卫星遥感影像几何纠正[D]. 武汉: 武汉大学博士学位论文.

张过, 李德仁, 秦绪文, 等. 2008. 基于 RPC 模型的高分辨率 SAR 影像正射纠正[J]. 遥感学报, 12(6): 942-948.

张焕雪, 李强子. 2014. 空间分辨率对作物识别及种植面积估算的影响研究[J]. 遥感信息, 29(2): 42-48.

张焕雪, 李强子, 文宁, 等. 2014. 农作物种植面积遥感抽样调查的误差影响因素分析[J]. 农业工程学报, 30(13): 176-184.

张健康, 程彦培, 张发旺, 等. 2012. 基于多时相遥感影像的作物种植信息提取[J]. 农业工程学报, 28(2): 134-141.

张力, 张继贤, 陈向阳, 等. 2009. 基于有理多项式模型 RFM 的稀少控制 SPOT-5 卫星影像区域网平差[J]. 测绘学报, 38(4): 302-310.

张喜旺, 秦耀辰, 秦奋. 2013. 综合季相节律和特征光谱的冬小麦种植面积遥感估算[J]. 农业工程学报, 29(8): 154-163.

张晓娟, 杨英健, 盖利亚, 等. 2010. 基于 CART 决策树与最大似然比法的植被分类方法研究[J]. 遥感信息, (2): 88-92.

张晓羽, 李凤日, 甄贞, 等. 2016. 基于随机森林模型的陆地卫星-8 遥感影像森林植被分类[J]. 东北林业大学学报, 44(6): 53-57.

张旭东. 2014. 东北三省水稻水分生产率时空变化规律研究[D]. 沈阳: 沈阳农业大学博士学位论文.

张旭东, 迟道才. 2014. 基于异源多时相遥感数据决策树的作物种植面积提取研究[J]. 沈阳农业大学学报, 45(4): 451-456.

张园, 陶萍, 梁世祥, 等. 2011. 无人机遥感在森林资源调查中的应用[J]. 西南林业大学学报, 31(3): 49-53.

张振兴, 李宁, 刘阳. 2013. 基于 Worldview-II 多光谱遥感数据纹理特征提取方法[J]. 系统工程与电子技术, 35(10): 2044-2049.

赵春江. 2014. 农业遥感研究与应用进展[J]. 农业机械学报, 45(12): 277-293.

赵磊. 2009. 基于多源遥感数据的区域景观格局尺度效应[J]. 遥感信息, (4): 55-61.

郑长春. 2008. 水稻种植面积遥感信息提取研究[D]. 乌鲁木齐: 新疆农业大学硕士学位论文.

郑盛, 赵祥, 张颢, 等. 2011. HJ-1 卫星 CCD 数据的大气校正及其效果分析[J]. 遥感学报, 15(4): 709-721.

郑伟, 曾志远. 2004. 遥感图像大气校正方法综述[J]. 遥感信息, (4): 66-70.

周成虎, 骆剑承. 2003. 遥感影像地学理解与分析[M]. 北京: 科学出版社.

周清波. 2004. 国内外农情遥感现状与发展趋势[J]. 中国农业资源与区划, 25(5): 9-14.

周晓敏, 赵力彬, 张新利. 2012. 低空无人机影像处理技术及方法探讨[J]. 测绘与空间地理信息, 35(2): 182-184.

朱长明, 骆剑承, 沈占锋, 等. 2011. 基于地块特征基元与多时相遥感数据的冬小麦播种面积快速提取[J]. 农业工程学报, 27(9): 94-99.

朱小华, 冯晓明, 赵英时, 等. 2010. 作物 LAI 的遥感尺度效应与误差分析[J]. 遥感学报, 14(3): 579-592.

朱亚静, 邢立新, 潘军, 等. 2011. 短波红外遥感高温地物目标识别方法研究[J]. 遥感信息, (6): 33-36.

邹红玉, 郑红平. 2010. 浅述植被"红边"效应及其定量分析方法[J]. 遥感信息, (4): 112-116.

Adelabu S, Mutanga O, Adam E. 2014. Evaluating the impact of red-edge band from RapidEye image for classifying insect defoliation levels[J]. Isprs Journal of Photogrammetry & Remote Sensing, 95(3): 34-41.

Ali M, Montzka C, Stadler A, et al. 2015. Estimation and validation of RapidEye-based time-series of leaf area index for winter wheat in the rur catchment (Germany)[J]. Remote Sensing, 7(3): 2808-2831.

Alonso F G, Soria S L, Gozalo J C. 1991. Comparing two methodologies for crop area estimation in Spain using Landsat TM images and ground-gathered data[J]. Remote Sensing of Environment, 35(1): 29-35.

Amaral C H, Roberts D A, Almeida T I R, et al. 2015. Mapping invasive species and spectral mixture relationships with neotropical woody formations in southeastern Brazil[J]. Isprs Journal of Photogrammetry & Remote Sensing, 108: 80-93.

Asmaryan S, Warner T A, Muradyan V, et al. 2013. Mapping tree stress associated with urban pollution using the WorldView-2 Red Edge band[J]. Remote Sensing Letters, 4(2): 200-209.

Atzberger C. 2013. Advances in remote sensing of agriculture: context description, existing operational monitoring systems and major information needs[J]. Remote Sensing, 5: 949-981.

Baltsavias E, Pateraki M, Zhang L. 2001. Radiometric and geometric evaluation of IKONOS Geo Images and their use for 3D building modeling[C]. Hannover: Proc Joint ISPRS Workshop "High Resolution Mapping from Space 2001": 319-320.

Bannari A, Pacheco A, Staenz K, et al. 2006. Estimating and mapping crop residues cover on agricultural lands using hyperspectral and IKONOS data[J]. Remote Sensing of Environment, 104(4): 447-459.

Benker S C, Langford R P, Pavlis T L. 2011. Positional accuracy of the Google Earth terrain model derived from stratigraphic unconformities in the Big Bend region, Texas, USA[J]. Geocarto Int, 26(4): 291-303.

Benz U C, Hofmann P, Willhauck G, et al. 2004. Multi-resolution, object-oriented fuzzy analysis of remote sensing data for GIS-ready information[J]. Isprs Journal of Photogrammetry & Remote Sensing, 58(3-4): 239-258.

Bindel M, Hese S, Berger C, et al. 2011. Evaluation of red-edge spectral information for biotope mapping using RapidEye[J]. Proc Spie, 8174(1): 772-783.

Bo Y C, Wang J F, Li X. 2005. Exploring the scale effect in land cover mapping from remotely sensed data: the statistical separability-based method[J]. IGARSS 2005: IEEE International Geoscience and Remote Sensing Symposium, Vols 1-8, Proceedings: 3884-3887.

Boryan C G, Yang Z. 2012. A new land cover classification based stratification method for area sampling frame construction. https://www.nass.usda.gov/Education_and_Outreach/Reports_Presentations_and_Conferences/reports/[2016-7-15].

Buyantuyev A, Wu J. 2007. Effects of thematic resolution on Landscape pattern analysis[J]. Landscape Ecology, 22(1): 7-13.

Carl A S, Kraft R. 1994. Land use classification of ERS-1 images with an artificial neural network[C]. Satellite Remote Sensing. International Society for Optics and Photonics: 452-459.

Carle M V, Wang L, Sasser C E. 2014. Mapping freshwater marsh species distributions using WorldView-2 high-resolution multispectral satellite imagery[J]. International Journal of Remote Sensing, 35(13): 4698-4716.

Casa A C D L, Ovando G G. 2013. Estimation of wheat area in Córdoba, Argentina, with multitemporal NDVI data of SPOT-vegetation[J]. International Journal of Geosciences, 4(10): 1355-1364.

Chakraborty D, Sehgal V K, Sahoo R N, et al. 2015. Study of the anisotropic reflectance behaviour of wheat canopy to evaluate the performance of radiative transfer model PROSAIL5B[J]. Journal of the Indian Society of Remote Sensing, 43(2): 297-310.

Chellasamy M, Ferre P A T, Humlekrog Greve M. 2014a. Automatic training sample selection for a multi-evidence based crop classification approach[J]. International Archives of the Photogrammetry Remote Sensing & S, XL-7: 63-69.

Chellasamy M, Ferre T P A, Greve M H. 2015. An ensemble-based training data refinement for automatic crop discrimination using WorldView-2 imagery[J]. IEEE Journal of Selected Topics in Applied Earth Observations & Remote Sensing: 1-13.

Chellasamy M, Zielinski R T, Greve M H. 2014b. A multievidence approach for crop discrimination using multitemporal WorldView-2 Imagery[J]. IEEE Journal of Selected Topics in Applied Earth Observations & Remote Sensing, 7(8): 3491-3501.

Chen D, Huang J, Jackson T J. 2005. Vegetation water content estimation for corn and soybeans using spectral indices derived from MODIS near- and short-wave infrared bands[J]. Remote Sensing of Environment, 98(2-3): 225-236.

Chen J, Jönsson P, Tamura M, et al. 2004. A simple method for reconstructing a high-quality NDVI time-series data set based on the Savitzky-Golay filter. Remote Sens Environ[J]. Remote Sensing of Environment, 91(3-4): 332-344.

Chen W K, He S L, Pei H J, et al. 2013. Analysis and optimal selection of spatial scale for remote sensing images before and after earthquakes[J]. Earthquake, 33(2): 19-28.

Congalton R G A. 1991. Review of assessing the accuracy of classifications of remotely sensed data[J]. Remote Sensing of Environment, 37(1): 35-46.

Corry R C, Lafortezza R. 2007. Sensitivity of landscape measurements to changing grain size for fine scale design and management[J]. Landscape and Ecological Engineering, 3(1): 47-53.

Cortes C, Vapnik V. 1995. Support-vector networks[J]. Machine Learning, 20(3): 273-297.

Cracknell A P, Kanniah K D, Tan K P, et al. 2013. Evaluation of MODIS gross primary productivity and land cover products for the humid tropics using oil palm trees in Peninsular Malaysia and Google Earth imagery[J]. International Journal of Remote Sensing, 34(20): 7400-7423.

Cui L, Li G, Ren H, et al. 2014. Assessment of atmospheric correction methods for historical Landsat TM images in the coastal zone: A case study in Jiangsu, China[J]. European Journal of Remote Sensing, 47: 701-716.

Darvishzadeh R, Atzberger C, Skidmore A, et al. 2011. Mapping grassland leaf area index with airborne hyperspectral imagery: A comparison study of statistical approaches and inversion of radiative transfer models[J]. Isprs Journal of Photogrammetry and Remote Sensing, 66(6): 894-906.

Delegido J, Verrelst J, Meza C M, et al. 2013. A red-edge spectral index for remote sensing estimation of green LAI over agroecosystems[J]. European Journal of Agronomy, 46(46): 42-52.

Delincé J. 2001. A European approach to area frame survey[J]. Proc of the Conference on Agricultural and Environmental Statistical Application in Rome (CAESAR), 2: 463-472.

Dowman I, Dolloff J T. 2000. An evaluation of rational function for photogrammetric restitution[J]. International Archives of Photogrammetry and Remote Sensing, 33(Part B3): 254-266.

Dupuy S, Barbe E, Balestrat M. 2012. An object-based image analysis method for monitoring land conversion by artificial sprawl use of RapidEye and IRS data[J]. Remote Sensing, 4(2): 404-423.

Eitel J U H, Long D S, Gessler P E, et al. 2007. Using in-situ measurements to evaluate the new RapidEye(TM)satellite series for prediction of wheat nitrogen status[J]. International Journal of Remote Sensing, 28(18): 4183-4190.

Eitel J U H, Vierling L A, Litvak M E, et al. 2011. Broadband, red-edge information from satellites improves early stress detection in a New Mexico conifer woodland[J]. Remote Sensing of Environment, 115(12): 3640-3646.

Elvidge C D, Chen Z K. 1995. Comparison of broad-band and narrow-band red and near-infrared vegetation indexes[J]. Remote Sensing of Environment, 54(1): 38-48.

Eugenio F, Marcello J, Arbelo M. 2012. Atmospheric correction models for high resolution WorldView-2 multispectral imagery: a case study in Canary Islands, Spain[J]. Proceedings of SPIE—The International Society for Optical Engineering, 8534(6): 72-79.

Fei X Y, Zhang H G, Gao X W. 2008. The scale effect analysis in urban green space information obtaining using high spatial remote sensing image[J]. 2008 Proceedings of Information

Technology and Environmental System Sciences: Itess 2008, 4: 858-861.

Fitzgerald G J, Pinter P J, Hunsaker D J, et al. 2005. Multiple shadow fractions in spectral mixture analysis of a cotton canopy[J]. Remote Sensing of Environment, 97(4): 526-539.

Flores L A, MartíNez L I. 2000. Land cover estimation in small areas using ground survey and remote sensing[J]. Remote Sensing of Environment, 74(74): 240-248.

Fraser C S, Hanley H B, Yamakawa T. 2002. 3D positioning accuracy of IKONOS imagery[J]. Photogrammetry Record, 17(99): 465-479.

Gallego F J. 1999. Crop area estimation in the MARS project[C]. Conference on ten years of MARS project, Brussels, April 1999.

Ghosh A, Fassnacht F E, Joshi P K, et al. 2014. A framework for mapping tree species combining hyperspectral and LiDAR data: Role of selected classifiers and sensor across three spatial scales[J]. International Journal of Applied Earth Observation and Geoinformation, 26: 49-63.

Gislason P O, Benediktsson J A, Sveinsson J R. 2003. Random Forests for land cover classification[J]. Pattern Recognition Letters, 27(4): 294-300.

Gong S, Huang J, Li Y, et al. 2008. Comparison of atmospheric correction algorithms for TM image in inland waters[J]. International Journal of Remote Sensing, 29(8): 2199-2210.

Grodecki J, Dial G. 2003. Block adjustment of high-resolution satellite images described by rational functions[J]. Photogrammetric Engineering & Remote Sensing, 69(1): 59-70.

Hadjimitsis D G, Themistocleous K. 2009. Assessment of the effectiveness of atmospheric correction methods using standard calibration targets, ground measurements and aster images[C]. SPIE Europe Remote Sensing. International Society for Optics and Photonics:74750V-74750V-8.

Huang W J, Guan Q S, Luo J H, et al. 2014. New optimized spectral indices for identifying and monitoring winter wheat diseases[J]. IEEE Journal of Selected Topics in Applied Earth Observations and Remote Sensing, 7(6): 2516-2524.

Ichikawa D, Wakamori K, Suzuki M. 2014. Identification of paddy fields in Northern Japan using RapidEye images[C]. Geoscience and Remote Sensing Symposium(IGARSS), 2014 IEEE International. IEEE: 2090-2093.

Jain N, Ray S S, Singh J P, et al. 2007. Use of hyperspectral data to assess the effects of different nitrogen applications on a potato crop[J]. Precision Agriculture, 8(4-5): 225-239.

Jakubauskas M E, Legates D R, Kastens J H. 2002. Crop identification using harmonic analysis of time-series AVHRR NDVI data[J]. Computers & Electronics in Agriculture, 37(s1-3): 127-139.

Jesús D, Jochem V, Luis A, et al. 2011. Evaluation of sentinel-2 red-edge bands for empirical estimation of green LAI and chlorophyll content[J]. Sensors, 11(7): 7063-7081.

Jha A, Nain A S, Ranjan R. 2013. Wheat Acreage Estimation Using Remote Sensing in Tarai Region of Uttarakhand[J]. International Journal of Plant Research, 23(2): 105-111.

Jiang J, Chen Y, Gong A, et al. 2007. Study on inversion models for the severity of winter wheat stripe rust using hyperspectral remote sensing[J]. Igarss: 2007 IEEE International Geoscience and Remote Sensing Symposium, 1-12: 3186-3189.

Junges A H, Fontana D C, Pinto D G. 2013. Identification of croplands of winter cereals in Rio Grande do Sul state, Brazil, through unsupervised classification of normalized difference vegetation index images[J]. Engenharia Agrícola, 33(4): 883-895.

Kaufman Y J, Justice C, Flynn L, et al. 1998. Potential global fire monitoring from EOS-MODIS[J]. Geoph Res, 103: 32215-32238.

Kerdiles H, Dong, Q, Spyratos S, et al. 2013. Use of high resolution imagery and ground survey data for estimating crop areas in Mengcheng county, China[C]. Proceedings of 35th International Symposium on Remote Sensing of Environment (ISRSE35), doi: 10.1088/1755-1315/17/1/

012057, 1-6.

Kergoat L, Hiernaux P, Dardel C, et al. 2015. Dry-season vegetation mass and cover fraction from SWIR1.6 and SWIR2.1 band ratio: Ground-radiometer and MODIS data in the Sahel[J]. International Journal of Applied Earth Observation and Geoinformation, 39: 56-64.

Kim D M, Zhang H, Zhou H, et al. 2015. Highly sensitive image-derived indices of water-stressed plants using hyperspectral imaging in SWIR and histogram analysis[J]. Scientific Reports, 5: 1-11

Kim H O, Yeom J M. 2014. Effect of red-edge and texture features for object-based paddy rice crop classification using RapidEye multi-spectral satellite image data[J]. International Journal of Remote Sensing, 35(19): 7046-7068.

Kim H O, Yeom J M. 2015. Sensitivity of vegetation indices to spatial degradation of RapidEye imagery for paddy rice detection: a case study of South Korea[J]. Giscience & Remote Sensing, 52(1): 1-17.

Kross A, Mcnairn H, Lapen D, et al. 2015. Assessment of RapidEye vegetation indices for estimation of leaf area index and biomass in corn and soybean crops[J]. International Journal of Applied Earth Observation & Geoinformation, 34(1): 235-248.

Le Bris A, Tassin F, Chehata N. 2013. Contribution of texture and red-edge band for vegetated areas detection and identification[J]. 2013 Ieee International Geoscience and Remote Sensing Symposium(Igarss): 4102-4105.

Lee T M, Yeh H C. 2009. Applying remote sensing techniques to monitor shifting wetland vegetation: A case study of Danshui River estuary mangrove communities, Taiwan[J]. Ecological Engineering, 35(4): 487-496.

Lennington R K, Sorensen C T, Heydorn R P. 1984. A mixture model approach for estimating crop areas from Landsat data[J]. Remote Sensing of Environment, 14(1-3): 197-206.

Lewiński S A. 2007. Object-oriented classification of Landsat ETM+ satellite image[J]. Journal of Water & Land Development, 10: 91-106.

Liu L Y, Wang J H, Bao Y S, et al. 2006. Predicting winter wheat condition, grain yield and protein content using multi-temporal EnviSat-ASAR and Landsat TM satellite images[J]. International Journal of Remote Sensing, 27(4): 737-753．

Lu D, Mausel P, Brondizio E, et al. 2002. Assessment of atmospheric correction methods for Landsat TM data applicable to Amazon basin LBA research[J]. International Journal of Remote Sensing, 23(13): 2651-2671.

Lu N, Hernandez A J, Ramsey R D, et al. 2014. Land cover dynamics monitoring with Landsat data in Kunming, China: A cost-effective sampling and modelling scheme using Google Earth imagery and random forests[J]. Geocarto International, 30(2): 186-201.

Madani M. 1999. Real-Time sensor-independent positioning by rational functions[C]. ISPRS Workshop on Direct Versus Indirect Methods of Sensor Orientation, Barcelona.

Ming D P, Yang J Y. 2010. Modified ALV for selecting the optimal spatial resolution and its scale effect on image classification accuracy[J]. Mathematical and Computer Modeling, 54: 1061-1069.

Moike J G. 1987. Remote Sensing Image Digital Process[M]. Beijing: Meteorological Publishing.

Musande V, Kumar A, Kale K. 2012. Cotton crop discrimination using fuzzy classification approach[J]. Journal of the Indian Society of Remote Sensing, 40(4): 589-597.

Nagy G, Tolaba J. 1972. Nonsupervised crop classification through airborne multispectral observations[J]. IBM Journal of Research & Development, 16(2): 138-153.

Nuarsa I W, Nishio F, Hongo C. 2011. Spectral characteristics and mapping of rice plants using multi-temporal Landsat data[J]. Journal of Agricultural Science, 3(1): 54-67.

Ok A O, Akar O, Gungor O. 2012. Evaluation of random forest method for agricultural crop classification[J]. European Journal of Remote Sensing, 45(2): 421-432.

Pal M. 2005. Random forest classifier for remote sensing classification[J]. International Journal of Remote Sensing, 26(1): 217-222.

Pan J, Xing L X, Wen J C, et al. 2009. Inversion method study on short wave infrared remote sensing data high temperature surface feature temperature[J]. Image and Signa Processing, (2): 1-4.

Peng G X, Yu-Hua H E, Jing L I, et al. 2007. Study on cbers-2's CCD image cross calibration and atmospheric correction[J]. Journal of Infrared & Millimeter Waves, 26(1): 2856-2863.

Poli D. 2012. General model for airborne and spaceborne linear array sensors[J]. International Archives of Photogrammetry & Remote Sensing, 34(B1): 177-182.

Pradhan S. 2001. Crop area estimation using GIS, remote sensing and area frame sampling[J]. International Journal of Applied Earth Observation & Geoinformation, 3(1): 86-92.

Pu R, Cheng J. 2015. Mapping forest leaf area index using reflectance and textural information derived from WorldView-2 imagery in a mixed natural forest area in Florida, US[J]. International Journal of Applied Earth Observation & Geoinformation, 42: 11-23.

Quarmby N A, Milnes M, Hindle T L, et al. 1993. The use of multitemporal NDV1 measurements from AVHRR data for crop yield estimation and prediction[J]. International Journal of Remote Sensing, 14(2): 199-210.

Richter K, Atzberger C, Vuolo F, et al. 2011. Evaluation of Sentinel-2 spectral sampling for radiative transfer model based LAI estimation of wheat, sugar beet, and maize[J]. IEEE Journal of Selected Topics in Applied Earth Observations & Remote Sensing, 4(2): 458-464.

Rovere R L, Mathema S, Dixon J, et al. 2009. Economic And livelihood Impacts of Maize Research in Hill Regions in Mexicoand Nepal: Including a Method for Collecting and Analyzing spatial Data Using Google Earth[M]. Mexico: CIMMYT(Centro International de Mejoramiento de Maizy Trigo).

Rusli N, Majid M R, Din A H M. 2014. Google Earth's derived digital elevation model: A comparative assessment with Aster and SRTM data[J]. 8th International Symposium of the Digital Earth, 18(1): 1-6.

Saito A, Takasaki K, Katsuragawa H, et al. 2009. Assessment of the effectiveness of atmospheric correction methods using standard calibration targets, ground measurements and aster images[J]. Proceedings of SPIE-The International Society for Optical Engineering, 7475(4): 74750V-74750V-8.

Santra P, Singh R, Sarathjith M C, et al. 2015. Reflectance spectroscopic approach for estimation of soil properties in hot arid western Rajasthan, India[J]. Environ Earth Sci,74: 4233-4245.

Schuster C, Förster M, Kleinschmit B. 2012. Testing the red edge channel for improving land-use classifications based on high-resolution multi-spectral satellite data[J]. International Journal of Remote Sensing, 33(17): 5583-5599.

Sergio M V, José M C, Alfredo R, et al. 2006. Early prediction of crop production using drought indices at different time-scales and remote sensing data: application in the Ebro alley (north-east Spain)[J]. International Journal of Remote Sensing, 27(3): 511-518.

Shakir M, 牛铮, 王力, 等. 2015. 基于多时相 MODIS EVI 和临近三年地面数据的新疆作物分类[J]. 光谱学与光谱分析, 35(5): 1345-1350.

Suzuki K, Takeuchi T. 2015. Classification of upland crops using multi-temporal RapidEye data[J]. Journal of the Japanese Agricultural Systems Society, 31: 1-10.

Tan K C, Lim H S, Matjafri M Z, et al. 2012. A comparison of radiometric correction techniques in the evaluation of the relationship between LST and NDVI in Landsat imagery[J]. Environmental

Monitoring & Assessment, 184(6): 3813-3829.

Tao C V, Hu Y. 2001. Updating solutions of the rational function model using additional control information[J]. Photogrammetric Engineering & Remote Sensing, 68(7): 715-724.

Tao F, Yokozawa M, Zhang Z, et al. 2005. Remote sensing of crop production in China by production efficiency models: models comparisons, estimates and uncertainties[J]. Ecological Modelling, 183(4): 385-396.

Thenkabail P S. 2010. Global croplands and their importance for water and food security in the twenty-first century: towards an ever green revolution that combines a second green revolution with a blue revolution[J]. Remote Sensing, 2: 2305-2312.

Tigges J, Lakes T, Hostert P. 2013. Urban vegetation classification: Benefits of multitemporal RapidEye satellite data[J]. Remote Sensing of Environment, 136(5): 66-75.

Tsiligirides T A. 1998. Remote sensing as a tool for agricultural statistics: a case study of area frame sampling methodology in Hellas[J]. Computers & Electronics in Agriculture, 20(1): 45-77.

Turner M D, Congalton R G. 1998. Classification of multi-temporal SPOT-XS satellite data for mapping rice fields on a West African floodplain[J]. International Journal of Remote Sensing, 19(1): 21-41.

Upadhyay P, Ghosh S K, Kumar A, et al. 2012. Effect on specific crop mapping using WorldView-2 multispectral add-on bands: soft classification approach[J]. Journal of Applied Remote Sensing, 6(3): 325-336.

Ustuner M, Sanli F B, Abdikan S, et al. 2014. Crop type classification using vegetation indices of RapidEye imagery[J]. International Archives of the Photogrammetry Remote Sensing and Spatial Information Sciences, XL-7: 195-198.

Vaudour E, Gilliot J M, Bel L, et al. 2014. Uncertainty of soil reflectance retrieval from SPOT and RapidEye multispectral satellite images using a per-pixel bootstrapped empirical line atmospheric correction over an agricultural region[J]. International Journal of Applied Earth Observation & Geoinformation, 26(1): 217-234.

Vaudour E, Noirot-Cosson P E, Membrive O. 2015. Early-season mapping of crop and cultural operations using very high spatial resolution Pleiades images[J]. International Journal of Applied Earth Observation & Geoinformation, 42(2015): 128-141.

Wardlow B D, Egbert S L. 2008. Large-area crop mapping using time-series MODIS 250m NDVI data: An assessment for the U.S. Central Great Plains[J]. Remote Sensing of Environment, 112(3): 1096-1116.

Wilson J H, Zhang C H, Kovacs J M. 2014. Separating crop species in northeastern Ontario using hyperspectral data[J]. Remote Sensing, 6(2): 925-945.

Wilver E S C, Cutberto U P H. 2014. Horizontal and vertical accuracy of Google Earth: Comment on 'Positional accuracy of the Google Earth terrain model derived from stratigraphic unconformities in the Big Bend region, Texas, USA' by S.C.Benker, R.P. Langford and T.L. Pavlis[J]. Geocarto International, 29(6): 625-627.

Wolter P, Mladenoff D J, Host G E, et al. 1995. Improved forest classification in the Northern Lake states using multi-temporal Landsat image[J]. Photogrammetric Engineering and Remote Sensing, 61: 1129-1143.

Wright R, Rothery D A, Blake S, et al. 1999. Simulating the response of the EOS Terra ASTER sensor to high-temperature volcanic targets Geophys[J]. Geophysical Research Letters, 26(12): 1773-1776.

Xu C, Feng X, Xiao P, et al. 2007. Evaluation of the surface reflectance retrieval on the satellite data[J]. Proc Spie: 6752.

Yang K, Sun L P, Huang Y X, et al. 2012. A real-time platform for monitoring schistosomiasis transmission supported by Google Earth and a web-based geographical information system[J]. Geospatial Health, 6(2): 195-203.

Yang X H. 2000. Accuracy of rational function approximation in photogrammetry[C]. ASPRS2000 Annual Conforence Proceedings, Washington, D. C.

Yeom J M. 2014. Effect of red-edge and texture features for object-based paddy rice crop classification using RapidEye multi-spectral satellite image data[J]. International Journal of Remote Sensing, 35(19): 7046-7068.

Yonezawa C, Negisli M, Azuma K, et al. 2012. Growth monitoring and classification of rice fields using multitemporal RADARSAT-2 full-polarimetric data[J]. International Journal of Remote Sensing, 33(18): 5686-5711.

Zhang J. 2004. Block adjustment based on new strict geometric model of satellite images with high resolution[J]. Editorial Board of Geomatics & Information Science of Wuhan University, 8: 1-6.

Zhang X, Friedl M A, Schaaf C B, et al. 2003. Monitoring vegetation phenology using MODIS[J]. Remote Sensing of Environment, 84(3): 471-475.

Zheng B, Myint S W, Thenkabail P S, et al. 2015. A support vector machine to identify irrigated crop types using time-series Landsat NDVI data[J]. International Journal of Applied Earth Observation & Geoinformation, 34(1): 103-112.